哈尔滨理工大学制造科学与技术系列专著

激光加热辅助切削技术

吴雪峰　著

科学出版社

北　京

内 容 简 介

复合加工技术是几种加工技术的结合,可以发挥不同加工方法各自的优势。激光加热辅助切削技术就是一种具有代表性的复合加工技术。本书以典型的高温合金、工程陶瓷等难加工材料为研究对象,阐述激光加热辅助切削技术的研究方法与研究手段,研究加工的机理、工艺参数影响规律、刀具磨损特点及工艺参数优化方法等内容。

本书适合高等院校机械工程类专业的师生阅读,也适合从事复合切削技术应用与研究的企业工程技术人员、科研院所研究人员参考阅读。

图书在版编目(CIP)数据

激光加热辅助切削技术 / 吴雪峰著. —北京:科学出版社,2022.6
(哈尔滨理工大学制造科学与技术系列专著)
ISBN 978-7-03-070717-8

Ⅰ. ①激… Ⅱ. ①吴… Ⅲ. ①激光加热-应用-金属切削 Ⅳ. ①TG506

中国版本图书馆CIP数据核字(2021)第238128号

责任编辑:陈 婕 罗 娟 / 责任校对:任苗苗
责任印制:吴兆东 / 封面设计:蓝正设计

科学出版社 出版
北京东黄城根北街 16 号
邮政编码:100717
http://www.sciencep.com
北京画中画印刷有限公司 印刷
科学出版社发行 各地新华书店经销
*
2022 年 6 月第 一 版 开本:720×1000 1/16
2024 年 1 月第二次印刷 印张:15
字数:300 000
定价:108.00 元
(如有印装质量问题,我社负责调换)

前　言

随着材料科学技术的发展，材料成分变得越来越复杂、性能越来越优异，对材料加工精度与质量的要求越来越高，因此材料加工难度增大。例如，高温合金常用于制造航空发动机中的涡轮盘和涡轮叶片，具有良好的高温强度、断裂韧性，以及抗疲劳、抗腐蚀、抗氧化能力；工程陶瓷在汽车和航空工业中有着巨大的应用，具有较高的强度、硬度、断裂韧性和耐磨性。高性能材料的加工去除率低，刀具磨损大，加工费时并且加工成本高。

为了解决难加工材料的切削加工难题，目前常采用以下解决思路：一是改进目前的加工工艺，如高速切削技术、低温切削技术等；二是开发新型刀具，针对新材料与工艺设计新材质、新涂层与新槽型刀具等；三是采用辅助切削技术，如超声辅助、振动辅助与加热辅助切削技术等。其中，加热辅助切削技术是通过提升材料的局部温度来改善材料的可加工性能。激光因光束质量好、能量密度高、易于控制等优点成为首选的热源，在高温合金、钛合金、陶瓷材料、复合材料等多种难加工材料的加工中展示了较大的优点。加热辅助切削技术为难加工材料提供了一种可选择的解决方案，为应对材料技术的发展提供了技术储备，对提升加工质量、降低零件成本以及推进制造技术的进步具有重要的科学意义、技术价值和经济效益。

本书在总结作者过去研究工作的基础上，以难加工高温合金材料与陶瓷材料的加工为例，从激光加热辅助切削技术的原理出发，介绍激光加热辅助切削技术的特点、激光与材料相互作用过程；通过仿真、加工试验及加工过程中的检测对激光加热辅助切削的研究方法、研究手段进行阐述，获得工艺参数对加工结果的影响规律；然后以此为基础探索工艺参数优化技术，给出激光加热辅助切削技术的应用技巧。

全书共7章，第1章概述激光加热辅助切削技术，是全书的铺垫；第2章主要阐述材料对激光的吸收特性及吸收后材料性能的变化，是加热辅助切削技术研究的理论基础；第3~5章通过仿真技术、试验技术介绍激光加热辅助切削的工艺参数选择、试验过程中的测试方法、刀具磨损采集方法等，并且获得工艺参数对加工结果的影响规律；第6章以试验及仿真结果为基础，通过一些算法介绍激光加热辅助切削工艺参数优化技术；第7章针对激光加热辅助铣削加工应用中遇到的问题，探索解决的方法。书中所介绍的仿真、试验方法可以应用在其他类型的辅助切削研究中，同时为复合切削技术的研究提供了可行的思路。

　　感谢有关科研基金项目对与本书内容相关的研究提供经费支持，这些项目包括国家重点研发计划 (2018YFB1107600)、国家自然科学基金 (51205097、51575144)、中国博士后科学基金 (2013M541401) 等。

　　由于作者水平有限，书中难免有不妥之处，恳请专家和读者批评指正。

作　者

2021 年 9 月

目　　录

前言
第1章　激光加热辅助切削技术概述 ··· 1
　　1.1　典型难加工材料的加工技术 ··· 1
　　　　1.1.1　高温合金加工 ··· 1
　　　　1.1.2　陶瓷材料加工 ··· 3
　　　　1.1.3　复合材料加工 ··· 5
　　　　1.1.4　复合加工技术 ··· 6
　　1.2　激光加热辅助切削技术进展 ··· 7
　　　　1.2.1　激光加热辅助切削机理 ··· 9
　　　　1.2.2　激光加热辅助切削仿真研究进展 ································ 11
　　　　1.2.3　激光加热辅助切削试验研究进展 ································ 15
　　　　1.2.4　激光加热辅助切削技术研究发展方向 ·························· 17

第2章　激光与材料的相互作用 ·· 23
　　2.1　材料对激光的吸收 ·· 23
　　　　2.1.1　激光的功率分布 ·· 23
　　　　2.1.2　激光加热的温度分布 ·· 24
　　2.2　激光与难加工材料的作用 ··· 26
　　　　2.2.1　激光与氮化硅陶瓷的作用 ······································ 27
　　　　2.2.2　激光与镍基高温合金的作用 ···································· 29
　　2.3　激光加热辅助切削过程中切屑的形成 ································· 32
　　　　2.3.1　热压烧结氮化硅陶瓷的切屑形成 ······························ 32
　　　　2.3.2　高温合金的切屑形成 ·· 33

第3章　激光加热辅助切削仿真 ·· 35
　　3.1　激光加热温度场仿真 ·· 35
　　　　3.1.1　激光加热辅助车削温度场模型 ·································· 35
　　　　3.1.2　激光加热辅助铣削温度场模型 ·································· 41
　　3.2　切削过程仿真 ··· 45
　　　　3.2.1　切削理论模型 ·· 45
　　　　3.2.2　激光加热辅助高速铣削 Inconel 718 合金过程分析 ·········· 53
　　　　3.2.3　陶瓷材料边缘碎裂仿真 ··· 59

第4章　激光加热辅助切削过程测试及分析·································64

4.1　温度测量与激光吸收率的测定···64

4.1.1　工件表面温度测量···64

4.1.2　激光吸收率的测定···66

4.2　激光加热温度测量及试验分析···71

4.2.1　激光加热辅助车削氮化硅陶瓷温度场仿真与试验分析···············71

4.2.2　激光加热辅助铣削氮化硅陶瓷温度场仿真与试验分析···············75

4.2.3　激光加热辅助铣削 K24 高温合金温度场仿真与试验分析·············78

4.2.4　矩形光斑加热 Inconel 718 合金温度场模型······················82

4.3　刀具磨损视觉检测···85

4.3.1　刀具磨损图像预处理···86

4.3.2　图像形态学处理···91

4.3.3　图像边缘检测···93

4.3.4　基于改进的 Zernike 矩亚像素边缘检测··························94

4.3.5　铣削刀具磨损几何参数测量方法···································96

4.3.6　刀具磨损监测结果···98

4.4　铣削刀具磨损类型自动识别··100

4.4.1　深度学习的典型学习模型··100

4.4.2　基于卷积神经网络的铣削刀具磨损类型自动识别··················106

4.4.3　试验结果和分析··109

第5章　激光加热辅助切削难加工材料试验·······························112

5.1　氮化硅陶瓷材料加工··112

5.1.1　氮化硅陶瓷激光加热辅助车削加工································112

5.1.2　氮化硅陶瓷激光加热辅助铣削加工································119

5.2　铝基复合材料加工··128

5.3　高温合金材料加工··132

5.3.1　激光加热辅助铣削高温合金 K24 试验····························132

5.3.2　激光加热辅助铣削高温合金 GH4698 试验·························137

5.3.3　激光加热辅助铣削高温合金 Inconel 718 试验···················142

5.4　高温合金材料加热辅助铣削刀具磨损规律······························145

5.4.1　刀具材料选用分析··145

5.4.2　刀具磨损过程与磨损形式··146

5.4.3　PVD、CVD 涂层硬质合金刀具磨损研究····························150

5.4.4　PCBN 及陶瓷刀具铣削磨损研究···································153

5.4.5　激光加热辅助铣削刀具寿命研究··································155

第 6 章　激光加热辅助切削工艺参数优化 ·· 166

　6.1　氮化硅陶瓷加工工艺参数优选 ·· 166

　　6.1.1　车削加工工艺参数优选 ·· 167

　　6.1.2　铣削加工工艺参数优选 ·· 175

　6.2　高温合金加工工艺参数优选 ·· 182

　　6.2.1　K24 高温合金的激光加热辅助铣削工艺参数 ················ 182

　　6.2.2　Inconel 718 合金的激光加热辅助铣削工艺参数 ············ 184

　6.3　激光加热辅助铣削工艺参数优化技术 ································ 188

　　6.3.1　优化目标设定 ·· 188

　　6.3.2　边界约束条件 ·· 191

　　6.3.3　遗传算法优化技术 ·· 191

　　6.3.4　基于 NSGA-II 多目标铣削参数优化 ······················ 196

第 7 章　激光加热辅助铣削加工应用 ·· 199

　7.1　温度反馈系统建立 ·· 199

　　7.1.1　激光反馈温度模型建立 ·· 199

　　7.1.2　神经网络训练计算 ·· 201

　　7.1.3　温度反馈模型仿真 ·· 203

　7.2　陶瓷材料的连续轨迹加工 ·· 209

　　7.2.1　激光加热辅助铣削加工系统建立方案 ······················ 210

　　7.2.2　激光加热辅助铣削连续轨迹加工温度场仿真 ············ 215

　　7.2.3　温度场仿真结果 ·· 217

　　7.2.4　激光加热辅助铣削连续轨迹加工结果 ······················ 221

　7.3　高温合金材料平面铣削加工 ·· 222

参考文献 ·· 224

第1章　激光加热辅助切削技术概述

随着材料科学技术日新月异的发展与进步，新材料层出不穷，如高性能陶瓷材料、复合材料等，材料的性能不断进步。航空航天、交通运输、电子信息、能源动力等行业对高性能材料的需求也越来越大。大量难加工材料出现，如超硬材料有淬硬钢、工程陶瓷、复合材料等，其硬度高于 250HBS；超塑性材料有铜合金、铝合金、钛合金和高温合金等；高强度材料有高强度钢和超高强度钢；半导体材料有硅、锗、砷化镓等。

切削是机械制造中最主要的加工方式，而常规加工方式应用在新材料的加工中会出现加工效率低、刀具磨损严重、加工质量无法达到要求的问题。针对难加工材料性能的提升，切削新技术不断涌现。高速切削技术采用较高的切削速度，切削力随切削速度的提高而下降；同时，切屑带走大量的切削热，会降低切削温度，从而提高刀具寿命，提升加工效率。绿色切削技术通常采用干式切削、低温冷风切削或绿色切削液湿式切削等方式，在解决切削液污染及废液处理问题的同时可提高难加工材料的切削性能。此外，切削技术与特种加工技术的结合为难加工材料的加工带来了新的机遇。

1.1　典型难加工材料的加工技术

1.1.1　高温合金加工

高温合金又称耐热合金或超合金，是 20 世纪 40 年代发展起来的一种新型航空金属材料，在 600～1100℃的氧化和燃气腐蚀条件下可以承受复杂应力，并且能长期可靠地工作，主要用于航空发动机的热端部件，也是航天、能源和交通运输工业等行业需要的重要材料。

高温合金按基体可分为镍基、铁基和钴基三类，其中镍基合金的发展最快，使用最广。目前，用作涡轮叶片的镍基变形高温合金，其最高使用温度为950℃；用作燃烧室部件的最高使用温度约为 1000℃；用作涡轮盘的最高使用温度为800～850℃。铸造高温合金由合金锭重熔后直接浇铸而成，是在高温及氧化腐蚀环境中长期稳定工作的金属结构材料，在航空工业上的重要用途是制造航空燃气涡轮发动机涡轮叶片、导向叶片、增压器等。

许多学者对高温合金的加工进行了研究，使用硬质合金 A3102 铣刀对高温合金 GH163 进行加工时，发现在切削参数进给量和切削速度不变的情况下，轴向切深对振动的影响非常小，但是如果铣削速度增大、进给量减小，则会引起剧烈的振动。观察加工后刀具可以发现，刃口的边界磨损很大；切削刃上发生局部崩刃且没有切屑黏附在上面。从切屑形态得到，其背面在加工过程中被压挤的现象比较严重。切屑的颜色微蓝，说明工件的温度高，摩擦力非常大。加工过程中高温合金产生的加工硬化现象比较严重，使单位面积的刃口所受的切削力增加，再加上工艺系统的振动，所以在铣削加工过程中崩刃的现象时常发生。

Liao 等利用 K20 和 P20 刀具研究了高温合金 Inconel 718 的切削机理，研究发现，在切削温度达到 1000℃时，刀具中的粒子通过晶界扩散到黏结剂 Co 相中，减弱了黏结剂和硬质相的黏结强度，出现了比较严重的积屑瘤；采用含量不同的 Co 硬质合金刀具对 GH4133 进行切削，发现 YBG202 刀具切削磨损速度和程度明显高于 YBG102，Co 含量越低，硬质合金刀具的导热系数越高，在切削过程中可以使切削区域保持较低的温度，同时提高刀具的高温硬度，增加刀具的耐用度。

高速切削不仅可以缩短切削时间，而且可以大幅度提高切削效率，与传统切削加工相比，它具有加工精度较高、加工表面完整性较好、加工耗能低等优点。通过对镍基高温合金的加工试验研究发现，高速切削镍基高温合金获得的加工表面具有表面粗糙度低、硬化层深度小、残余应力小等特点，故高速切削是提高高温合金加工效率、改善加工表面质量、延长高温合金构件疲劳寿命的理想加工方法。例如，杜随更等对高温合金 GH4169 进行了高速铣削研究，切削速度范围为 37.7～226.1m/min，切削力随着切削速度的增加先增大后减小；铣削表面粗糙度随着切削速度增大而减小，随着每齿进给量的增大而增大。曹成铭等对高温合金 Inconel 718 进行了高速铣削研究，切削速度范围为 800～1400m/min，表面粗糙度 R_a 随切削速度的增大而减小。随着切削速度的增加，加工表面完整性越来越好，高速切削对表面加工硬化有一定的缓解作用。镍基合金 Inconel 718 工件材料中含有大量的硬质颗粒，刀具切入工件时，切屑和工件分离，颗粒紧密地黏结在刀具的前刀面。随着切削速度的提高，高温合金 Inconel 718 的热软化效应加强，切屑软化的程度越来越高，刀-屑以及硬质颗粒之间的摩擦划痕很容易在摩擦中磨平，切屑的表面质量越来越好。

目前，就加工高温合金的刀具材料而言，普通的工具钢和硬质合金刀具通常无法胜任加工需求，因此在高温合金材料的加工中通常采用高性能的刀具材料。涂层硬质合金刀具、聚晶立方氮化硼（polycrystalline cubic boron nitride，PCBN）、金刚石刀具和陶瓷刀具都可以用来加工镍基高温合金。目前，涂层硬质合金刀具应用最广，切削速度可达到 100～200m/min。但是随着生产上对于更快的材料去除速率和更好的加工表面完整性的需求，涂层硬质合金刀具不适合高速加工的缺点就被暴露出来。涂层剥落是刀具最初的磨损形态，由于接触区较窄，在高压、剪切应力和机械冲击的作用下，刀具切削刃的涂层首先被破坏，随着切削长度的增加，涂层剥落，刀具的基体材料更多地暴露出来。在铣削过程中，由于热冲击的影响，刀具在磨损过程中会产生热裂纹。此时采用性能更加优良的陶瓷刀具、PCBN 刀具进行高速加工，对于提高生产率是一种很好的选择。研究表明，使用低立方氮化硼(cubic boron nitride，CBN) 含量、陶瓷结合剂、细晶粒的 CBN 刀具切削合金 Inconel 718 时表现最佳；使用 CBN 含量为 45%～60%的刀具在 250～300m/min 切削速度范围内进行切削时，刀具磨损状态较好。

1.1.2　陶瓷材料加工

氮化硅、氧化铝、碳化硅等工程陶瓷材料具有耐高温、硬度高、热膨胀系数小、抗氧化、耐化学腐蚀的性能，尤其能够在恶劣的工作环境下保持高强度、耐腐蚀、抗磨损的稳定性能，优于金属材料和高分子材料。工程陶瓷以其良好的性能，逐渐应用于化工、冶金、机械、电子、能源等领域，并具有举足轻重的地位，成为现代工程结构材料的重要支柱之一。

工程陶瓷在航空航天等高科技领域有广泛的应用。与高温合金相比，工程陶瓷的使用温度提高了约 400℃，密度只有高温合金的 40%，相同体积的零部件可减轻质量约 60%。在航空发动机中使用陶瓷材料，高速转子可以大大降低离心负荷；可减少或取消冷却系统而简化结构，使发动机更紧凑，提高发动机的推重比，降低燃料消耗。目前，已有用陶瓷材料制造的涡轮叶片、火焰导管、雷达天线保护罩、燃烧室内壁与喷嘴、瞄准陀螺仪轴承，以及采用压电、绝缘陶瓷制造的加速度计、陀螺仪等。未来的航天器发展趋势是"廉价、快速、机动、可靠"，需要更多采用质量轻、耐高温、刚度好、强度高的材料，因此，陶瓷材料在航空航天领域将有更广阔的应用空间。此外，陶瓷材料还广泛应用于机械设备和其他工业领域，例如，陶瓷材料刀具，其耐磨性是金属切削刀具的 60 倍，并且不会发生锈蚀和变色，能抵抗各种酸碱有机物的腐蚀，在高温条件下硬度高、化学惰性好，使用寿命长；采用工程陶瓷材料制造的陶瓷轴承，其耐磨强度和硬度要比金属轴承高很多，使用寿命长，具有耐高温、抗磨损、刚度高、热变形小的特点，以及良好的绝缘性，可在无润滑条件下工作，应用于机床、汽车、飞机、输送机械等设备上；采用陶瓷材料制成的发动机，由于工作温度升高，可提高发动机的工作效率，延长发动机的使用寿命，节省能量消耗，并且使燃料充分燃烧，减少废气污染成分，更加环保；新型陶瓷的涡轮增压器可以减轻自身质量，提高发动机的工作效率，延长发动机的使用寿命；还有用陶瓷材料制造的密封环、活塞、凸轮、缸套、缸盖、燃气轮机燃烧器、涡轮叶片、减速齿轮等零部件。

尽管工程陶瓷材料具有上述优点，但脆性是陶瓷材料的弱点，容易在机械冲击和温度急变的情况下发生断裂。脆性的本质取决于陶瓷材料的化学键性质和晶体结构。陶瓷材料的化学键主要是离子键、共价键或离子-共价键的混合键，它们不仅结合强度高，而且具有方向性。陶瓷材料缺乏独立的滑移体系，一旦处于受力状态，滑移引起的塑性变形很难使材料产生松弛应力。此外，陶瓷材料中还存在大量的微裂纹，这些微裂纹容易造成应力高度集中，引起陶瓷材料的脆断；而陶瓷微观结构又是不均匀的、复杂的，在陶瓷中有相当多的气孔相和玻璃相。这种结构特征直接决定了陶瓷材料具有较好的物理性能，同时也说明了陶瓷材料存在脆性大、加工困难、重复性能差等缺点。

　　磨削是工业应用中加工陶瓷的主要方式，具有加工精度高、表面粗糙度小等优点。但是由于磨削力大、磨削温度高，加上砂轮导热性差，容易造成表面损伤及微裂纹，从而降低材料的强度；磨削加工效率低，金刚石砂轮磨损率高，会导致磨削加工成本较高。近年来，国内外学者将研究重点放在开发提高磨削效率的高效磨削加工方法如高速磨削、缓进磨削等磨削工艺上，通过提高磨削速度或磨削深度来提高加工效率，但工件表面破损情况仍未得到改善。磨削的过程中，磨粒与材料的表面接触，在接触点附近由于尖锐接触引起的高度局部应力集中使表面产生微裂纹。所形成的径向与侧向裂纹相互交错，在材料表面和亚表面形成裂纹群，影响材料的断裂强度及其他力学性能。磨削产生的加工裂纹往往导致材料强度衰减，与材料表面的其他类型损伤相比，更容易成为材料中的最危险裂纹。对陶瓷材料的加工来说，在某些情况下，加工质量比加工效率更重要。

　　工程陶瓷材料的硬度低于金刚石及 CBN，因此金刚石和 CBN 刀具能够胜任陶瓷的切削。多晶金刚石刀具难以产生光滑锋利的切削刃，一般只用于粗加工，而工程陶瓷精密车削需要使用天然单晶金刚石刀具，采用微切削方式。Inoue 等将金刚石自动磨锐技术应用在单晶金刚石切削氧化铝试验中，加工结果表明此技术可以降低表面粗糙度并且提高刀具寿命。但由于工程陶瓷材料硬度和脆性非常大，车削加工仍难以保证加工精度和加工质量的要求。

　　激光加工是利用聚焦高能激光束直接作用于被加工的物体表面，使物质发生局部瞬间熔化以至汽化，从而达到加工的目的。袁根福针对激光铣削过程中熔体喷射的物理机理，进行了温度场、物质喷射的速度场研究，建立了相应的理论模型，并进行了氧化铝陶瓷的激光铣削试验，然而，在加工过程中，不能避免熔融物质的重凝和熔渣对表面的覆盖，因此制约了表面质量的提高。Carrol 等对激光加工碳化硅复合陶瓷的热影响区进行了研究，获得了良好的加工质量，但高能激光作用导致表面热损伤和表面裂纹。Cheng 等采用三维雕刻系统，通过优化加工参数控制单层雕刻深度，在氧化铝陶瓷上激光加工得到的五角星工件，如图 1-1 所示。激光加工是一种无接触、无切削力的加工方法，没有工具损耗，但由于激光加工时，光束瞬时辐射，在材料表面产生局部高温，会形成很大的温度梯度，对工件造成热损伤、产生表面裂纹，并改变工件表面的微观组织，从而降低材料的强度。

电火花加工主要通过电极间脉冲放电产生高温熔化和汽化来蚀除材料，在陶瓷材料的成形加工应用研究上发展迅速。特别是近十年来，辅助电极法使绝缘材料的电火花加工成为可能。陶瓷绝缘体表面可作为辅助电极，辅助电极和工作液分解出的碳颗粒等电导复合材料不断在已加工陶瓷表面生成，从而保证了加工的持续进行。Takayuki 等采用电火花线切割技术将 50mm³ 的氮化硅陶瓷工件加工出椅子形状，如图 1-2 所示，加工时间虽然长达 24h，但以目前的传统机械加工方法是难以完成的。微波电磁能量能穿透介质材料，传送到物质的内部，并与物体的原子、分子互相碰撞、摩擦，产生热量。Jerby 等利用微波天线定向加热陶瓷，使陶瓷材料被加工区局部熔融，然后将微波天线插入熔融区形成孔洞，完成对陶瓷材料的加工。

图 1-1 激光加工得到的五角星工件

图 1-2 线切割方法加工得到的椅子工件

1.1.3 复合材料加工

金属基复合材料（metal matrix composites，MMC）是以陶瓷为增强材料、铝钛镁金属为基材而制备的先进复合材料，具有良好的力学综合性能，在航空航天、军工等领域有巨大的应用潜力。然而，高硬度增强相的加入导致切削加工过程中刀具磨损大、加工质量差，致使刀具寿命低、加工效率低、成本高。复合材料结构复杂，增强体尺寸、类型、体积分数及基体性能都会影响复合材料的加工性能。此外，刀具类型以及切削参数的选择对加工效率、加工质量都有较大的影响。进给力和切削力随着切削速度的增大而减小。切削速度是限制复合材料加工最主要的因素。随着切削速度的增加，刀具温度增加，导致刀具材料软化，刀具磨损加剧；而切削速度对表面质量的影响较小，切削速度增加，表面粗糙度降低程度较小。进给速度增加，切削力增大，使颗粒附近容易形成空位，进而生成微裂纹。

加工颗粒增强复合材料优先选用聚晶金刚石(polycrystalline diamond, PCD)刀具，其次是硬质合金刀具，最后是陶瓷刀具。增强相的加入给加工带来许多问题，增强的颗粒对刀具产生高频冲击与刻划，加剧了刀具磨损，影响了加工质量，其主要影响因素为切削参数以及颗粒尺寸和含量。刀具涂层可有效地提高刀具的使用寿命，对 TiN、TiCN、Al_2O_3 涂层的化学气相沉积(chemical vapor deposition, CVD)刀具进行试验对比，TiN 涂层硬质合金刀具使用寿命最长。Ciftci 等对含有不同颗粒尺寸的 Al/SiC_p 复合材料进行了切削试验，发现在一定切削范围内随着颗粒尺寸的增加，刀具寿命和表面质量明显降低，切削深度对刀具磨损影响较小。而当使用无涂层硬质合金刀具进行试验时，切削深度对刀具磨损的影响比进给速度大。

PCD 刀具在切削复合材料时，材料表面粗糙度较小，加工后表面缺陷较少。铣削速度对表面粗糙度的影响最大，其次是铣削速度与进给量的综合作用。轴向铣削深度对表面残余应力的影响最大，其次是铣削速度和进给量。SiC_p/Al 复合材料加工(尤其是钻削加工)往往会产生出入口棱边缺陷，直接影响 SiC_p/Al 复合材料的装配与工作性能。

为了提高复合材料的机械加工效率、降低成本，在复合材料的加工方面采用了许多非传统加工的方式，如电火花加工、激光加工、磨料水射流加工、加热辅助加工等。SiC_p/Al 复合材料中不导电的 SiC 颗粒会降低材料的去除率，并且随着SiC 颗粒体积分数的增大，去除率降低。此外，SiC 颗粒会减弱放电规律，熔化的铝附在脱落的增强颗粒上，会在电极间形成通路，引起电弧异常，降低表面质量。采用电火花方法加工 SiC_p/Al 复合材料时，电极损耗严重，表面质量差。

对复合材料的粗加工采用激光加工能提高加工效率，但颗粒增强复合材料对激光的吸收率较低，表面质量差，工件的组织成分会发生改变。改变进给量能够改善表面粗糙度，如提高激光功率和降低进给量会导致被加工材料的侧面烧蚀，增加切口宽度。因此，激光加工主要用于材料的切割加工，并且由于热损伤，其应用限制很大。磨料水射流加工是指磨料水通过孔径极小的喷嘴，利用磨料水射流的冲击、剪切及浸蚀作用进行切割。相对于传统的激光加工方式，磨料水射流加工不会产生高温，且加工效率高，切缝仅为 1mm 左右，材料利用率高，但切口宽度随进给速度的增大而减小，表面粗糙度会随之增大。旋转超声复合磨削技术可明显降低加工时的磨削力，并有效减少刀具磨损。在加工表面粗糙度方面，旋转超声磨削复合加工技术要优于常规磨削。

1.1.4　复合加工技术

复合加工技术是把两种或几种加工方法复合在一起形成的一种新的加工方法，它是目前陶瓷材料加工的研究趋势，可以改善传统加工中的不足，如激光辅助磨削、在线电解修整金刚石砂轮精密磨削、超声辅助磨削、超声电火花磨削与加热辅助切削等技术。其中，加热辅助切削技术是通过热源提高工件切削区的温度，改善材料的加工性能，在现有的加工机床上采用传统切削方法将材料去除。

加热辅助加工高硬度金属材料的概念早在 20 世纪 40 年代被提出，最早使用氧乙炔焰作为加热热源。在 20 世纪 80 年代，Uehara 采用氧乙炔焰辅助加工氧化铝及氮化硅等陶瓷材料，当温度超过 1200℃时，表面粗糙度降低，刀具磨损减少。氧乙炔焰具有使用简单及成本低廉的优点，但其功率密度低且加热区域不容易控制。等离子弧与氧乙炔焰相比具有能量密度高、离子束直径易于控制的优点。1970 年，英国生产工程研究会成功开发出等离子弧加热切削法，用于高硬度金属合金的加工，可节约成本 30%～80%。Kitagawa 等采用等离子弧加热辅助对陶瓷材料进行加工，虽然切削力减小，但温度过高引起工件表面氧化、局部熔化，降低了表面质量。与氧乙炔焰、等离子弧相比，激光具有相干性及方向性好、光斑尺寸小、能量密度高、易于控制等优点，能在不破坏周围材料的情况下对切削区温度进行精确控制，是进行加热辅助切削技术研究较为理想的热源。

1.2　激光加热辅助切削技术进展

激光是 20 世纪继原子能、计算机、半导体之后的一项重大发明。激光是一种受激辐射相干光源，具有高亮度、高方向性、高单色性和高相干性的特点。激光切割、激光焊接等常规激光加工技术在工业领域得到较为广泛的应用，并且随着激光技术的发展，激光加工技术的应用领域不断扩展。激光切割、激光焊接、激光打孔等技术是应用高能束的激光与材料作用产生高温，使材料熔化或汽化，从而实现加工的目的。激光切割是利用高功率密度的激光束扫描材料表面，在极短时间内将材料加热到数千至上万摄氏度，使材料熔化或汽化，然后用高压气体将熔化或汽化的物质从切缝中吹走，达到切割材料的目的。激光表面处理技术，可分为激光表面硬化、激光表面熔敷、激光表面合金化、激光冲击硬化等技术，是利用高功率密度的激光束，以非接触性的方式对材料表面进行加热，通过材料表面本身传导冷却来实现其表面改性的工艺方法。该技术的主要特点是材料表面的高速加热和高速自冷，激光表面淬火加热速度可达 104～109℃/s，冷却速度可达 104℃/s。激光与其他技术复合成为一种新的加工方式，如激光超声复合切削、喷射液束电解-激光复合加工、激光化学复合加工等技术。激光还经常作为辅助热源来提高其他加工方式的加工效率和加工精度，如激光辅助水射流、激光辅助化学刻蚀、激光加热辅助切削技术等。

激光加热辅助切削(laser assisted machining，LAM)是加工陶瓷材料的一种有效方法，通过激光与材料的相互作用，在材料被刀具去除前改变其性能，提高加工性能。在达到一定温度后，陶瓷材料的屈服极限降低到断裂强度以下，在刀具的作用下产生黏塑性流动，而不是脆性断裂，从而降低切削力，提高刀具耐用度和生产率，改变切屑形态，减小振动，减少表面裂纹，提高加工表面质量。加工形式主要包括激光加热辅助车削（laser assisted turning，LAT）与激光加热辅助铣削（laser assisted milling，LAML）。激光加热辅助切削示意图如图 1-3 所示。

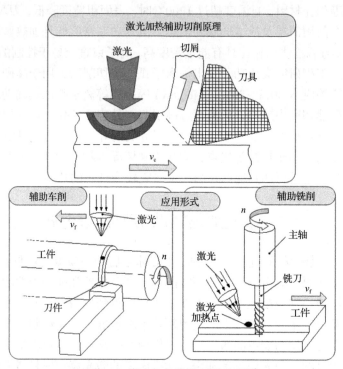

图 1-3　激光加热辅助切削示意图

激光加热辅助切削技术最早出现于 20 世纪 70 年代，作为一种提高难加工材料生产率的方法，用于加工镍合金、钛合金和淬硬钢。尽管激光加热辅助切削工艺的可行性得到了验证，但由于金属材料吸收率低和激光技术发展等因素的制约，对激光能量、束流位置等影响因素的研究还不够系统，激光加热辅助切削工艺的研究处于停滞状态。到了 90 年代，随着陶瓷和其他复合材料技术的发展，性能优良、加工困难的材料和激光设备的价格下降，激光加热辅助切削技术逐渐进入人们的视野。目前，激光加热辅助切削中使用的激光器通常是 CO_2 或 YAG 激光。CO_2 激光输出功率高，造价低，对非金属材料吸收率高（可达 85% 以上），故加工陶瓷等非金属材料通常选用 CO_2 激光作为光源。与 CO_2 激光器相比，YAG 激光器输出波长短，功率密度高，而且适于光纤传导，光学传输部分得到简化，能够方便地与传统机床集成，组成激光加热辅助切削加工系统。采用激光加热辅助切削方法加工的材料及加工方式如表 1-1 所示。

表 1-1　采用激光加热辅助切削方法加工的材料及加工方式

辅助加工方式		车削、铣削、钻削、磨削
激光器种类		YAG 激光器、CO_2 激光器、半导体激光器
刀具材料		金刚石、立方氮化硼、陶瓷、硬质合金、涂层硬质合金
工件材料	工程陶瓷	氮化硅、氧化铝、氧化锆、莫来石
	金属	H-13 钢、AISI D2 工具钢、1018/1040 钢、420/316/320/P550 不锈钢、Inconel 718、钛、Ti-6Al-4V、铸铁
	复合材料	氧化铝颗粒增强铝基复合材料、碳化硅颗粒增强铝基复合材料

1.2.1　激光加热辅助切削机理

激光加热辅助切削是将高功率激光照射到待加工材料表面，使材料的物理性能在较短的时间内发生改变，然后利用传统加工工具对其进行去除。激光器的原理是将高能量高密度的激光（功率密度可达 $10^5 \sim 10^8 W/cm^2$）经过光学设备聚集成微小的密集激光点，通过该系统所形成的激光束具有加热集中、加热速度快等优点。利用这种激光可以在极短的时间内将工件表面的温度提升到其熔化温度与相变温度，最高可以提升到汽化温度。例如，中碳钢 SS42，当激光功率密度达到 $10^5 W/cm^2$ 时，试件达到熔化温度的时间约为 11ms；而激光功率密度达到 $10^7 W/cm^2$ 时，试件达到熔化温度的时间大约是 $11\mu s$。因为高能量激光通过激光系统后可以聚集成微细光束，使得加热部分被控制在很小的范围内，所以对被加工工件整体所造成的热影响会很小，引起的热变形也较小。

钢材的热膨胀系数约为陶瓷材料的 10 倍，因此对陶瓷材料进行加热辅助加工时，尺寸误差非常小，并且加工后的工件表面质量也明显改善。相对于激光加热辅助切削陶瓷材料，常规加工过程中刀具与工件之间的接触对材料的去除有很大的阻力，此时陶瓷材料的本身特性会使工件发生崩碎现象，这样不仅导致废件率提升，也会使前期的生产白费。而采用如高频率加热、明火加热等常见的加热方式进行加热辅助加工，对切削区域的可控加热很难实现，即无法控制局部加热的温度，从而导致整个试件出现不可控受热变形，严重影响加工质量和加工工艺。

对比以上加工方法，采用激光加热辅助切削技术加工时，可以像加工一般金属材料一样在塑性状态下对具有高脆性的陶瓷工件进行加工，以常规的切削方式替代磨削加工，使生产成本降低，加工效率提高。氮化硅陶瓷在常温状态下的硬度很高，在实际中对其进行加工的方法只采用磨削，磨削加工的特殊性使加工成本占产品总成本的 61%~94%。而采用激光加热辅助切削技术加工时，氮化硅的硬度会明显降低，温度达到 1290℃时力学性能会发生显著的改变，此时可以用切削代替磨削。

对陶瓷材料来说，加热的主要作用是增加材料的延展性，使其在切削过程中由脆性转变为塑性。氮化硅陶瓷烧结过程中，在氮化硅晶粒边界上产生玻璃相，当温度超过 1000℃时，玻璃相晶界的黏性降低，氮化硅晶粒与刀具相互作用，产生塑性变形。对莫来石陶瓷的加工试验研究表明，材料的去除机理主要是高温下材料的黏性流动与塑性变形。莫来石陶瓷不同于氮化硅，其晶间不含有玻璃相，材料在高温高应力条件下，在因位错运动而产生塑性变形与脆性断裂的共同作用下使材料去除，刀尖与材料接触点的塑性作用是表面质量提高的主要原因。激光加热辅助切削技术为陶瓷材料的高效率低成本加工开拓了新的途径。

　　激光加热辅助切削方法在加工高温合金方面具有显著的效果，采用加热方法可使钢的强度极限发生很大的降低，而大多数金属材料在 500～900℃会发生强度和硬度的剧烈变化。Demitrescu 采用半导体激光作为激光加热辅助切削的光源对工具钢材料进行了试验研究，发现采用激光加热辅助切削技术可以降低材料的强度、提高延展性，产生的切屑由粗糙断续的小切屑转变为平滑连续的大切屑，如图 1-4 所示。Jeon 对 6061 铝合金与 1018 钢材料进行了激光加热微铣削加工，由于加热后材料的黏附性增加，获得了更长的连续切屑；当切削齿脱离工件时，切屑黏着在刀具上；当进行下一轮切削时，新的切屑会与之前产生的切屑在高应力的作用下焊在一起，沿着排屑槽向上移动，从而在断续切削过程中产生连续的切屑。

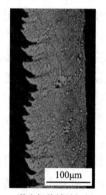

　　(a) 传统加工　　　(b) 激光加热辅助切削，　　　(c) 激光加热辅助切削，
　　　　　　　　　　　　切削速度20m/min　　　　　　切削速度30m/min

图 1-4　不同加工条件下产生的切屑

　　颗粒增强铝基复合材料的激光加热辅助切削物理模型如图 1-5 所示，由于温度升高、基体材料软化，在机械拉伸载荷和热应力共同作用下，在试件与刀尖的接触处出现应力集中，通过基体传递给颗粒的应力不足以使颗粒破裂，在接触处和光斑边缘的基体产生孔洞，颗粒被挤出、挤入基体。

　　采用激光加热辅助切削后，刀具磨损的程度与磨损形式会发生改变。使用 TiN 涂层陶瓷刀具对 SKD11 合金钢进行激光加热辅助切削的刀具磨损对比如图 1-6 所示。Bermingham 等发现破损切口的产生会缩短刀具寿命。刀具侧面磨损与切口形

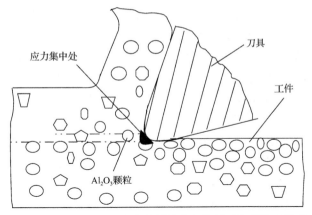

图 1-5　颗粒增强铝基复合材料激光加热辅助切削物理模型

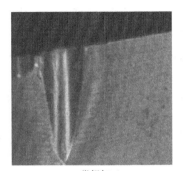

| (a) 常规加工 | (b) 激光加热辅助切削加工 |

图 1-6　常规加工与激光加热辅助切削加工刀具磨损对比

成同时发生，该区域内会有急速的局部磨损，之后会使刀具发生断裂。在合适的微量润滑条件下，会有效地减少此类现象发生。有时冷却液的使用会引起温度振动与刀具破坏性失效，这种情况会随切削速度的提高而加剧。在高速高温下，激光加热辅助切削对刀具寿命有决定性影响。在低速切削时，相比普通切削，激光加热辅助切削对刀具寿命有所改善。与正常的激光加热辅助铣削相比，在微量润滑与激光加热辅助铣削相结合的情况下，微量润滑减缓了热冲击所带来的磨损，会显著提升刀具寿命。Navas 等通过试验研究工艺参数与切削机理，发现材料屈服强度降低，材料本质硬度降低。工件硬度的减小导致沟槽磨损减少，降低刀具突然失效的危险，磨损形式变为侧面磨损，这样可以有效地控制刀具寿命及获得更好的表面粗糙度。

1.2.2　激光加热辅助切削仿真研究进展

激光加热辅助切削过程中，激光与材料、刀具与工件之间相互作用，包含复杂的物理过程。影响加工结果的参数较多，工艺参数能否合理选择是能否加工出精度高、表面质量好的零件的重要因素，确定工艺参数往往需要大量的试验，会耗费大量人力和物力。而仿真方法可以预测加工过程中的参数对加工结果的影响，通过参数优化可以大大减少试验次数，得到最好的加工效果。国内外学者采用有限体积法与有限元方法对激光加热辅助切削仿真做了大量工作。

在激光加热辅助切削加工中，切削区温度是最重要的参数，它决定着预热的时间，也是影响加工能否顺利进行的关键因素。温度过高会造成材料过烧，影响加工后工件的表面质量，而温度过低会影响辅助加热的作用，因此获得精确的瞬态温度场分布具有重要意义。Rozzi 等建立了激光加热辅助车削的瞬态三维热模型，采用有限体积法计算，得到了圆柱体工件的三维瞬态温度场分布，并通过与高温计测得的试验结果相比较，证明了模型的有效性。利用此模型可以研究工件转速、进给速度、切削深度、刀具与激光入射点距离、激光功率与光斑直径等工艺参数对切削区温度的影响；也可以对莫来石、氧化锆、蠕墨铸铁等材料进行分析。在上述三维瞬态温度场模型的基础上，Pfefferkorn 等利用离散纵坐标将该模型推广到半透明柱形工件，成功预测出温度场分布并通过试验验证了模型的准确性。Tian 等采用部分离散控制体积法改进了上述温度场模型，建立了复杂形状工件的三维瞬态车削温度场模型，采用此模型进行了复杂形状工件车削温度场的仿真分析，将红外相机拍到的检测结果与仿真结果进行了对比分析，温度场分布如图 1-7 所示，证明了此模型的准确性。Pfefferkorn 等分析了加热辅助切削不同材料中的能量消耗，提出加热能量、最小化预热能量与预热效率准则以帮助选择合适的加工参数。提高加热效率可以有效降低比切削能，从而使激光加热辅助切削技术更具有竞争力。Joshi 等通过有限元仿真来预测激光加热辅助铣削 TC4 时工件的温度场分布及最佳激光加热深度所需的激光参数，

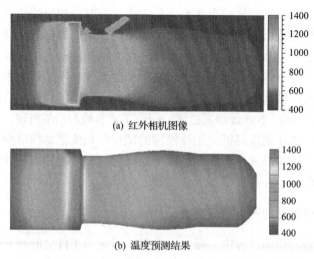

(a) 红外相机图像

(b) 温度预测结果

图 1-7　复杂形状工件试验与仿真温度场分布(单位：℃)

对不同加热深度的温度进行了预测以选择适合的切削深度。不同激光功率对加热深度的影响如图 1-8 所示。

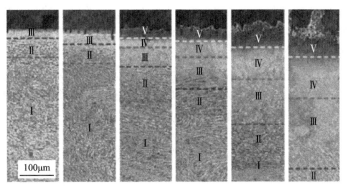

图 1-8　不同激光功率对加热深度的影响

切削过程的热力学特性决定了工件加工的质量，因此不仅要预测加工过程的温度场，而且要建立激光加热辅助切削的切削过程模型，为优化加工提供减少表面损伤的理论模型。激光加热辅助切削氮化硅材料的物理过程中包括玻璃相的流动、氮化硅晶粒的重分布、微裂纹产生与形成的过程，仿真过程相对复杂。Yang 等将离散单元法(discrete element method，DEM)与有限元分析(finite element analysis，FEA)结合，以黏合的圆形粒子模拟陶瓷工件，粒子簇代表氮化硅材料组织，黏合单元的断裂代表加工过程中裂纹形成与扩展过程，将 FEA 软件计算得到的温度场结果导入 DEM 模型中，得到工件在不同温度下的力学特性。仿真结果如图 1-9 所示，表明 DEM 方法可以模拟传统加工与激光加热辅助切削氮化硅陶瓷的材料去除过程，符合 Zhang 等提出的陶瓷加工机理。Tian 等采用有限元法，在温度场模型的基础上，建立了激光加热辅助切削氮化硅陶瓷的多尺度切削模型，对切削过程及切屑形成进行了仿真。该模型以六边形连续单元代表晶粒，黏性单

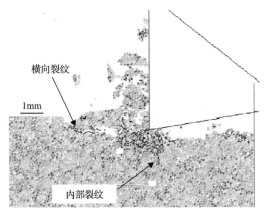

图 1-9　DEM 方法模拟激光加热辅助切削仿真结果

元表示晶粒间的玻璃相，考虑到切削过程中的微裂纹结构，建立了氮化硅材料模型。仿真得到了连续的切削过程，模拟出晶粒间裂纹的形成与传播、切屑分离过程，并进行了相应的切削试验，切削力、切屑形状及残余应力的规律与试验得到的结果相吻合。采用建立的切削力预测模型，可以分析工艺参数如转速、进给量、切深量、刀具直径及激光功率等对切削力大小的影响，并且对工艺参数进行优化。Ayed 等在激光加热辅助切削 TC4 钛合金试验中通过建立切削过程模型对工艺参数进行研究，如图 1-10 所示，发现激光入射点与刀具前刀面的距离是影响切削力变化的重要参数，同时切削力大小是常规加工时的一半。

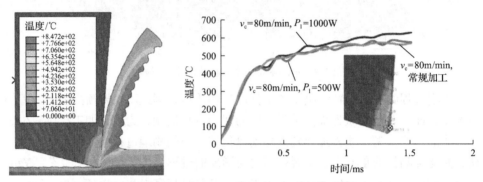

图 1-10　激光加热辅助切削过程二维仿真

　　加工复合材料时发生的断裂机理是研究热点，仿真对于刀具设计、切削参数的优化有指导意义。其加工过程的主要形式是剥离，引起微观缺陷。各国学者进行了大量关于复合材料切削的仿真研究。Dandekar 等建立了多尺度的三维有限元模型，模拟了颗粒增强复合材料加工的亚表面损伤和切削力。该模型利用热弹塑性失效和内聚力模型预测颗粒增强复合材料的破损，得到多相模型的破坏深度，其深度随着切削力的增大而增加。预测颗粒断裂、颗粒剥离、空位形成等形成过程，如图 1-11 所示。

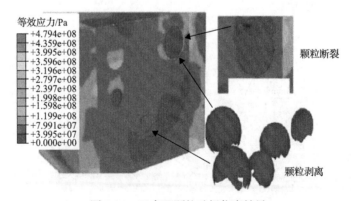

图 1-11　亚表面颗粒破损仿真结果

1.2.3　激光加热辅助切削试验研究进展

1. 车削试验研究

国内外学者进行了大量的试验工作，通过对切削力、温度、表面粗糙度、加工后表面微观结构及刀具寿命的检测，对材料的可加工性、去除机理、加工参数优化等方面进行了研究。钛合金材料采用激光加热辅助切削技术加工，切削力可以降低20%～50%，由于较低的动态切削力与加工表面附近的低硬度提高了加工表面质量，切屑的形貌有大的变化，随着切削速度增加，产生的切屑由锋利的锯齿状向连续切屑转变。使用激光加热辅助切削技术加工 P550 不锈钢，随着加工区域温度的升高，比切削能降低 25%，材料强度降低使刀具寿命提高一倍，工件表面下组织没有发生变化，硬度与传统加工的硬度相同，并可以使加工时间节省 20%～50%。使用激光加热辅助切削技术加工 Inconel 718 材料，其比切削能可降低 25%，表面粗糙度减小，陶瓷刀具寿命可提高 200%～300%。

工程陶瓷材料具有塑性变形能力差、脆性高、断裂韧性低及强度高等特点，故加工难度大，在室温条件下很难采用切削方法加工。陶瓷材料在达到一定温度后开始软化，脆性转化为塑性，可以用传统刀具进行加工。使用激光加热辅助切削技术加工不同陶瓷材料得到的工件如图 1-12 所示。通过对氮化硅、氧化锆、莫来石等陶瓷材料进行加工试验研究，获得了工艺参数对加工结果的影响规律，结果表明，切削力与刀具磨损随着加工温度升高而降低。加工后材料表面的残余应力是压应力，可提高材料的疲劳寿命及拉伸强度，比磨削产生的压应力稍小。

(a) 氮化硅　　　　　　　　(b) 氧化锆　　　　　　　(c) 莫来石

图 1-12　激光加热辅助切削加工不同陶瓷材料得到的工件

与传统磨削加工相比，激光加热辅助切削能有效地加工复杂形状零件。Tian 等通过实时地改变激光能量，采用激光加热辅助车削的方法，将氮化硅材料加工成复杂形状的工件，并且取得了良好的加工质量，没有产生亚表面裂纹与热损伤，而采用传统磨削方法很难高效地加工出复杂形状的工件。在加工质量、加工效率得到保证的同时，学者就激光加热辅助切削的加工经济性进行了研究。加工经济性是激光加热辅助切削在工业上应用的关键因素之一。Anderson 等针对 Inconel 718 合金材料进行了激光加热辅助切削试验，并在加工试验的基础上，进行了加工经济性分析，考虑了设备运转费用、激光使用费用及刀具费用计算加工成本，结果表明，加工 1m 长的 Inconel 718 合金材料，在切削速度为 3m/s 时与传统采用硬质合金刀具加工相比费用节省 66%，与陶瓷刀具相比节省 50%；针对 P550 不锈钢也进行了激光加热辅助切削试验研究，在取得良好加工质量的同时，加工费用也可以节省 20%～50%。

国内，哈尔滨工业大学的王扬、杨立军等对高温合金、冷硬铸铁、氧化锆陶瓷、氧化铝颗粒增强铝基复合材料等难加工材料的激光加热辅助车削开展了理论与试验研究，并运用材料学中的位错理论阐述了激光加热辅助切削加工颗粒增强铝基复合材料的作用机理。

2. 铣削试验研究

铣削是一种间歇切削过程，工件对刀具的冲击作用更容易造成刀具的损伤，因此这方面的研究相对较少。König 等对钨铬钴合金材料进行了激光加热辅助铣削试验研究，证明了加热辅助铣削的可行性。Yang 等进行了激光加热辅助铣削反应烧结氮化硅陶瓷的研究，证明了加工的可行性，研究表明，激光加热辅助铣削可以显著地降低切削力，使切屑连续，得到良好的加工表面，加工得到的工件扫描电子显微镜(scanning electron microscope, SEM)照片如图 1-13 所示。由于陶瓷本身的脆性以及在较大的切削力作用下会产生边缘碎裂现象，通过提高切削区温度的方法可以有效地减少边缘碎裂现象的发生。Tian 等采用 TiAlN 涂层硬质合金刀具对氮化硅陶瓷进行了加工试验，加工工件的表面粗糙度可以达到 0.55μm；同时进行了 Inconel 718 合金的激光加热辅助铣削试验研究，当切削温度达到 520℃时，切削力下降 40%～50%，刀具寿命提高一倍，表面粗糙度降低到原来的一半。在微铣削加热辅助过程中，采用直径为 0.635mm 的铣刀对 AISI4340 钢进行加工，可有效地减小切削力，但由于激光加热使材料的延展性提高，边缘出现毛刺的现象更加明显，故表面质量降低。所建立的激光加热辅助微铣削系统如图 1-14 所示。

图 1-13　激光加热辅助铣削氮化硅陶瓷工件的 SEM 照片

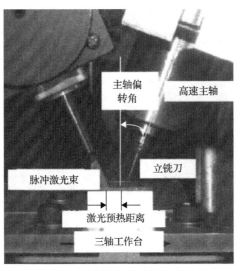

图 1-14　激光加热辅助微铣削系统

综上所述，国内外学者所做的理论和试验研究充分证明了激光加热辅助切削技术的加工能力，表明该技术可应用于陶瓷材料的加工，在保证加工效率的同时可获得良好的表面质量，不会产生表面裂纹，但还存在以下方面的不足或空白：材料对激光的吸收率通常由光学方法测量，忽略了激光作用下对表面的烧蚀作用；影响加工的工艺参数较多，如何选择试验工艺参数；如何减小激光加热辅助铣削过程中出现边缘碎裂；激光加热辅助铣削复杂形状零件的研究仍是空白。

1.2.4　激光加热辅助切削技术研究发展方向

1. 激光加热辅助切削技术在新材料、新产品中的应用

新型材料技术是推动技术进步的重要支柱，同时是加工技术的挑战。近年来，随着复合材料技术的发展，新型材料逐步由军事国防向诸多领域的应用扩展。特别是金属基复合材料与陶瓷基复合材料，它们在陆上运输、航空航天、电子等领域的应用保持持续增长。金属基复合材料的可加工性能很差，使用常规方法加工，会造成刀具磨损严重，加工效率较低。

Bejjani 等对 TiC 颗粒增强钛基复合材料进行了激光加热辅助切削加工试验，在切削速度为 100m/min、表面温度为 500℃时，刀具的寿命比常规加工时提高 1.8 倍。由于复合材料中的部分颗粒在刀具的作用下进入了软化的基体材料，缺少了颗粒断裂对刀具的冲击作用，从而提高了刀具的寿命。但是部分碎裂的颗粒进入了软化的基体，表面粗糙度增加了 15%。Dandekar 等采用激光加热辅助切削技术对氧化铝纤维增强铝基复合材料进行了加工试验研究，在相同的切削用量下，将切削区域温度提高至 300℃，相比常规切削刀具磨损、表面粗糙度与比切削能都

降低约 65%，同时纤维损伤有所减少，其加工结果比较如图 1-15 所示。Erdenechimeg 等利用激光加热辅助切削技术进行了碳纤维增强碳化硅的加工试验，将温度提升到 1100～1300℃后，切削力可降低 40.7%，粗糙度可以减少 33.8%。

(a) 常规切削　　　　　　　　　　(b) 激光加热辅助切削

图 1-15　常规切削与激光加热辅助切削加工氧化铝纤维增强铝基复合材料结果比较

2. 激光加热辅助切削工艺改进

随着激光、材料技术的发展，激光加热辅助切削技术正朝着提高激光加热效率、降低加工成本的方向发展。在车削加工中，激光通常垂直于工件表面入射，其优点是系统安装方便，但激光作为表面热源，沿厚度方向的温度梯度较大，切削深度一般较小。在不增加切削力的情况下，改变激光束的方向，使其倾斜入射于过渡表面，可提高切削区温度。采用激光倾斜的入射方法对钛金属进行激光加热辅助切削试验，激光入射的位置如图 1-16 所示，当入射角为 40°时，与垂直入射时相比，切削力降低 7%～10%，并且加工后已加工表面的组织不会改变。

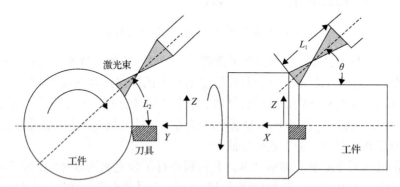

图 1-16　激光与刀具相对位置

激光加热辅助切削加工往往需要较高的切削区温度，但同时导致刀具温度升高，从而降低刀具寿命。若能在不改变切削区温度的情况下降低刀具的温度，就能提高刀具寿命，降低加工成本。Dandekar 等在激光加热辅助切削装置上增加了液氮冷却系统，试验装置如图 1-17 所示，可以在加工中降低前刀面的温度，从而保证刀具的强度与硬度，达到提高刀具寿命的目的。他们的研究表明，采用激光加热辅助铣削系统加工钛合金 Ti-6Al-4V，当切削速度为 107m/min 时，刀具寿命比常规加工提高了 1.7 倍，使用冷却系统时刀具寿命提高了 2 倍；与未采用冷却系统相比，使用 TiAlN 涂层刀具后可使加工成本降低 40%。Ha 等提出采用复合热源的加热方式以应对高温性能较好材料的加工，如 Inconel 718 合金。采用复合热源的加热方式能够获得更好的预热效果与更高的表面质量，如图 1-18 所示。

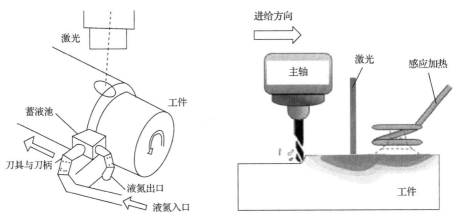

图 1-17　带有冷却装置的激光加热辅助切削系统　　　图 1-18　激光复合感应加热系统

在加热辅助铣削中，铣刀的直径通常需要与激光光斑的直径相匹配，需要更换光学零件以适应不同的宽度，或导致加工效率降低。Shang 等提出了一种激光沿进给方向扫描的方式，以控制激光的空间与时间特性，避免了激光照射区域的限制，提升了激光的应用范围，如图 1-19 所示。

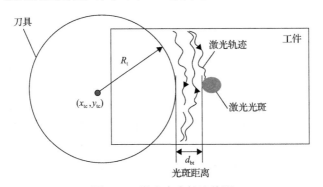

图 1-19　激光自由轨迹热源

3. 系统集成

集成激光加热器进入加工系统具有挑战性，要求激光入射位置易于调节、易于维护，且在加工过程中不会与机床发生碰撞。特别是加热辅助铣削机床，通常采用激光束直接照射在工件即将要去除的部位，但只能加工简单的平面或沟槽，不能满足复杂零件的加工要求。吴雪峰等提出了激光聚焦头与铣刀相对固定的激光加热辅助铣削复杂轨迹的加工方法，将工件装夹在旋转工作台上，通过改变激光束与工件的相对位置实现任意轨迹的加工。Christian 提出了将光束引导装置整合在机床主轴中的方法，主轴示意图如图 1-20 所示，将主轴集成在 5 轴的加工机床中，开发了激光参数控制系统，并利用该加工系统对氮化硅陶瓷进行了加工试验，使切削力降低了 73%～90%，刀具磨损得到明显降低。

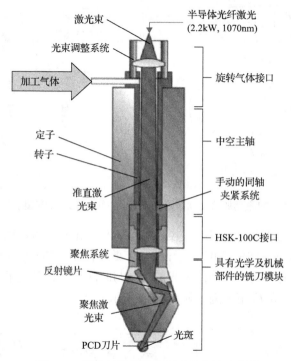

图 1-20　激光加热辅助铣削系统主轴示意图

4. 微细加工

微细加工技术广泛应用于光学、电子与微型模具等加工领域。近年来出现的机械微切削技术因能直接快速加工小型金属零件而备受关注。激光加热辅助切削和微切削技术的结合，克服了机械加工中刀具低刚度与低抗弯强度的缺点，摆脱了激光微细加工规模的限制。许多学者针对 A2 工具钢（62 HRC）、Ti-6Al-4V、Inconel 718 合金等难加工金属材料，开展了激光加热辅助微铣削研究。Kumar 进行了激光加热微磨削氮化硅陶瓷的试验研究，发现磨削力与不采用激光加热相比降低 43.2%，刀具磨损减小，可以保证在表面粗糙度不变的情况下提升加工效率。Patten 在激光的辅助作用下对 Si 与 SiC 材料进行了刻划，在激光的作用下，Si 材料降低了脆性，减少了切削力，增加了划痕深度，金刚石刀尖与在 Si 材料上的划痕如图 1-21 所示。Singh 等采用激光加热辅助加工与微细加工相结合的方法建立了激光加热辅助微加工系统，如图 1-22 所示；对 H-13 模具钢进行了切槽试验研究，并在激光照射下软化高硬度材料进行微切削加工；在加工过程中，轴向推力可减少 17%，且刀具热膨胀引起的工作台挠度对沟槽深度的影响减小，提高了加工尺寸精度。

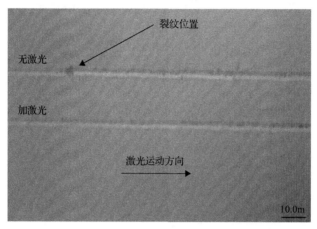

图 1-21　激光加热辅助微加工金刚石刀尖与划痕

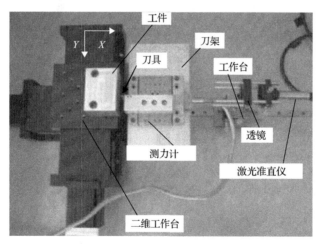

图 1-22　激光加热辅助微加工系统

　　Langan 等采用金刚石刀具进行了刻划蓝宝石试验研究，加工系统如图 1-23 所示，通过光纤的耦合装置，激光能够穿过金刚石刀尖直接照射到工件表面，使材料变软、材料的延展性发生变化，从而获得无裂纹的表面，研究发现工件表面无激光加热辅助时，会产生较大的损伤。

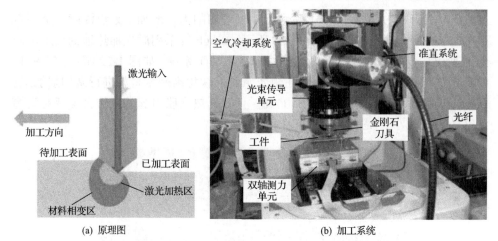

(a) 原理图　　　　　　　　　　　(b) 加工系统

图 1-23　激光加热辅助微刻划原理及加工系统

第2章 激光与材料的相互作用

2.1 材料对激光的吸收

2.1.1 激光的功率分布

激光功率分布一般可以用高斯函数来描述。高斯激光束的横截面中心处的光强最大，随着与中心距离的增加光强以指数的平方递减。高斯激光束功率密度分布如图 2-1 所示。因为 86.5% 的激光光强分布在半径为 r_b 的圆形范围内，此圆形范围就成为高斯光束的有效截面，r_b 为光束的有效截面半径，简称高斯光束半径。

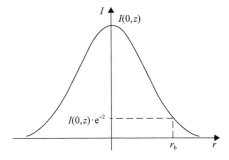

图 2-1 高斯激光束功率密度分布

固体表面对激光的吸收发生在表层，因此激光在固体表面的热作用可以视为发生在表面一个无限薄的区域内，在此区域内激光可看作是表面热源。该表面热源可以表示为

$$I = \frac{2AP_1}{\pi R^2} \exp\left(\frac{-2r^2}{R^2}\right) \tag{2-1}$$

式中，I 为激光功率密度（W/m²）；P_1 为激光功率（W）；A 为激光吸收率；r 为与激光光斑中心的距离（m）；R 为激光光斑半径（m）。

激光器输出的能量分布直接影响激光加热的温度场，进而影响预热效果和加工质量。可以采用激光束质量仪对激光束质量进行检测。通过检测器内部的衰减片，激光被垂直照射到检测器上，光束质量分析器的激光束能量分布如图 2-2 所示。从图中可以看出，激光束呈均匀的高斯分布，光束能量分布均匀性良好。

(a) 二维光束能量分布　　　　　　　(b) 三维光束能量分布

图 2-2　激光束能量分布

2.1.2　激光加热的温度分布

对材料及热物理性能做如下假设：①研究的材料尺寸足够大，可以看成无限大固体，该固体在激光的作用下仍处于固态；②材料的热参数(吸收率、导热系数、比热容)不随温度变化；③表面辐射和对流传热引起的热损失可以忽略(绝热边界)。静止的激光束作用在固体表面的温度场可以表示为

$$T - T_0 = \frac{AP_1}{k\pi^{3/2}R} \int_0^{\sqrt{\frac{A\alpha t}{R^2}}} \frac{\mathrm{d}u}{1+u^2} \cdot \exp\left[-\frac{z^2}{R^2 u^2} - \frac{x^2+y^2}{R(1+u^2)} \right] \tag{2-2}$$

式中，t 为激光从加热到观察时经过的时间间隔(s)；α 为热扩散系数($\mathrm{m^2/s}$)；k 为材料的导热系数($\mathrm{W/(m\cdot ℃)}$)；u 为变量代换，$u = \sqrt{t-t'}$，$t-t'$ 为时间增量。

由此可知，激光光斑中心处($x=0$，$y=0$，$z=0$)的温度随时间变化为

$$T = T_0 + \frac{AP_1}{k\pi^{3/2}R} \arctan \sqrt{\frac{4\alpha t}{R^2}} \tag{2-3}$$

激光作用区域内表面温度升高很快，中心附近的温度场在较短时间内达到不随时间变化的准稳态，表面吸收的热量不断向工件内部传导，对工件进行加热。在激光加热辅助切削中，工件以一定速度运动，相当于移动的高斯热源对工件进行加热。对高斯移动热源而言，在 x、y 方向分别以速度 v_x、v_y 扫描的高斯光束在工件表面的温度场表达式为

$$T - T_0 = \frac{AP_1}{k\pi^{3/2}R} \int_0^{\sqrt{\frac{A\alpha\tau}{R^2}}} \frac{\mathrm{d}u}{1+u^2}$$

$$\cdot \exp\left\{ -\frac{z^2}{R^2 u^2} - \frac{\left[\frac{(x-v_x\tau)}{R} + \frac{v_x R u^2}{4\alpha} \right]^2 + \left[\frac{(y-v_y\tau)}{R} + \frac{v_y R u^2}{4\alpha} \right]^2}{1+u^2} \right\} \tag{2-4}$$

式中，v_x、v_y 分别为光束在 x、y 方向的扫描速度(m/s)。

由式(2-4)可知，当激光作用时间 τ 趋于无穷大时，相对于激光光斑中心的某一点 (x,y,z) 的温度只与初始条件、扫描速度、激光参数和材料的热参数有关，和时间参数无关，说明激光产生的热场已经达到了准稳态。可近似地将激光光斑中心温度表示为

$$T = T_0 + \frac{AP_1}{k\pi^{3/2}R}\arctan\sqrt{\frac{5\alpha}{vR}} \tag{2-5}$$

因此，在激光加热辅助切削进入准稳态后，激光光斑中心的温度随激光功率增加、光斑直径减小与移动速度降低而升高。激光能量被工件表面所吸收，然后传导到工件内部，使激光在局部区域扫描加热，影响传热过程的参数包括激光功率 P_1、激光光斑直径 D_1、激光移动速度 v_1 以及测温点与激光光斑中心的距离 L_1。为了分析激光加热过程中的热传导规律，忽略加热过程中的对流与辐射传热，工件材料为氮化硅陶瓷，工件对激光的吸收率假设为 1，采用有限元的方法分析无限大工件在移动高斯热源作用下的温度分布。得到的激光扫描加热等温线分布如图 2-3 所示，其等温面为卵形，激光作用的区域温度下降快，温度梯度高，随着远离激光光斑中心，等温线逐渐拉长。等温线沿深度方向下降得更快，仅在贴近表面的薄层保持较高的温度。通过读取不同位置的节点值可以得到激光光斑中心温度与切削位置的温度。通过对极差 R 的分析，影响切削位置与激光光斑中心温度的主、次顺序分别为：$P_1 > L_1 > v_1 > D_1 > a_p$ 与 $D_1 > P_1 > v_1$。

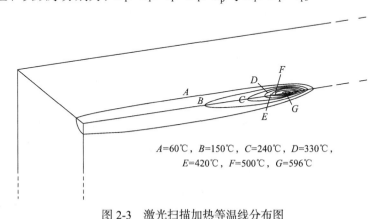

$A=60℃$，$B=150℃$，$C=240℃$，$D=330℃$，
$E=420℃$，$F=500℃$，$G=596℃$

图 2-3　激光扫描加热等温线分布图

在系统可选择的参数范围内，工件不同位置的温度可以表示为

$$T = C_T P_1^{a_1} D_1^{a_2} v_1^{a_3} L_1^{a_4} a_p^{a_5} \tag{2-6}$$

式中，C_T 为回归公式系数；D_1 为激光光斑直径（mm）；v_1 为激光移动速度（mm/min）；L_1 为与激光光斑中心的距离（mm）；a_p 为切削深度（mm）；a_1、a_2、a_3、a_4、a_5 为参数的指数。

将式（2-6）两边取自然对数可得

$$\ln T = \ln C_T + a_1 \ln P_1 + a_2 \ln D_1 + a_3 \ln v_1 + a_4 \ln L_1 + a_5 \ln a_p \qquad (2\text{-}7)$$

激光光斑中心温度与切削深度及距离激光光斑的距离无关，通过多元线性回归计算可以得到公式中的指数值，激光光斑中心与切削位置温度的经验公式为

$$T_{\text{cut}} = 88.03 P_1^{0.813} D_1^{-0.24} v_1^{-0.301} L_1^{-0.523} a_p^{-0.24} \qquad (2\text{-}8)$$

$$T_{\text{max}} = 1343.7 P_1^{0.978} D_1^{-1.216} v_1^{-0.512} \qquad (2\text{-}9)$$

切削位置与激光光斑中心温度回归的相关系数 R^2 分别为 0.95 与 0.997。相关系数越接近 1，其回归效果越理想，说明此经验公式可以反映参数对温度的影响规律。极差分析与经验公式表明，激光功率是影响温度的主要参数，是首要考虑的因素，激光光斑直径对激光光斑中心温度影响最大但对切削位置温度影响较小，应从激光光斑中心温度引起的热应力不产生表面裂纹及不引起工件烧伤的方面考虑。切削的位置应该在装置允许的条件下尽可能地靠近激光光斑中心，以得到较高的温度。切削速度与切削深度主要从切削用量选择的方面考虑。

2.2　激光与难加工材料的作用

激光与物质的相互作用涉及激光物理、原子与分子物理、等离子体物理、固体与半导体物理、材料科学等广泛的学科领域。当激光入射到固态材料时，因为激光与固态材料中的电子、晶格振动、杂质和缺陷等发生相互作用，产生了对激光的吸收，转化为热能、化学能和机械能，从而使材料的受热区域出现升温、熔化、汽化、产生等离子体云等现象。当激光能量照射到工件上后，将发生反射、折射和吸收，氮化硅陶瓷、高温合金等加工材料不透明，所以只有反射和吸收。高功率的激光照射到工件后，入射区域迅速升温，再逐渐传导至工件内部。不同材料的抗拉强度随温度的变化如图 2-4 所示。材料通常在一定温度内保持较高的强度，当温度超过一定值后材料的强度迅速降低。利用材料的这一特性，激光加热辅助切削技术将工件局部温度升高到材料强度下降的温度，然后用刀具加工。切削刀具材料的优化选择，使其在材料温度变化范围内的力学性能受温度的影响较小，从而达到提高加工效率和加工质量的目的。

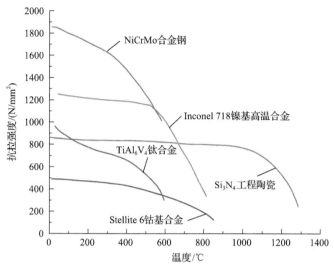

图 2-4　材料温度对不同材料性能的影响

2.2.1　激光与氮化硅陶瓷的作用

氮化硅陶瓷以强度高、耐高温、耐磨损、抗热震性能好等优点，已广泛应用于制造发动机零件、涡轮增压器、陶瓷轴承、陶瓷刀具等。氮化硅有两种晶型，其中 α-Si_3N_4 是颗粒状结晶体，β-Si_3N_4 是针状结晶体，两者均属于六方晶系，都是由 $[SiN_4]^+$ 组成的六方环层在 z 轴方向重叠而成的。氮化硅的力学性能取决于生产工艺和组织状态。β-Si_3N_4 晶粒呈长条状，随着 β-Si_3N_4 含量的增加，材料的强度和韧性都增加，β 相的含量随氮化硅原粉中 α 相的增加而增加。

氮化硅陶瓷的制备主要有三种方法：反应烧结、热压烧结与常压烧结。反应烧结氮化硅是将硅粉按制品形状要求成型后，在氮化炉中进行热氮化，发生化学反应生成氮化硅。按此法氮化后的产品为 α 相和 β 相的混合物，其产品尺寸与素坯尺寸基本相同，反应前后坯体体积基本上不变。这种工艺的产品密度主要取决于成型素坯密度，一般产品都含有 20%左右的气孔，故密度不高，强度不大，能够精确地制造出形状非常复杂的产品，无需昂贵的机械加工。热压烧结要求 α-Si_3N_4 含量大于 90%的细粉，加入适量的金属氧化物添加剂，先在钢模内压制成型，成型压力一般为 50MPa，然后在热压炉内进行热压，热压温度为 1700～1800℃，在保护气氛中进行，保温保压 30～220min。用此方法生产的氮化硅工件密度与强度较高，性能优良，但只能生产形状简单的产品，而形状复杂的部件需要根据需求进行机械加工。不同烧结方法得到的氮化硅陶瓷的常温性能如表 2-1 所示。

表 2-1　氮化硅陶瓷的常温性能

性能	反应烧结氮化硅	常压烧结氮化硅	热压烧结氮化硅
体积密度/(g/cm³)	2.55~2.73	3.2	3.2~3.3
显气孔度/%	10~20	0.1	<0.1
抗弯强度/MPa	250~340	490	≥900
断裂韧性/(MPa·m^{1/2})	2.85	4.71	6~8
硬度(HRA)	80~85	91~92	92~94
弹性模量/GPa	160	300	300
导热系数/(W/(m·K))	8~12	13	23~27
热膨胀系数/(10⁻⁶℃⁻¹)	2.7	3.2	2.95~3

激光照射氮化硅陶瓷工件表面，激光被吸收过程受材料性能、表面质量与温度等因素的影响，吸收率是反映激光能量吸收的重要参数。工程陶瓷的加工难度大，工艺参数选择不合理容易引起刀具破损、工件断裂，工件温度场的分布直接影响材料的软化程度，决定刀具的寿命。另外，工程陶瓷工件表面裂纹和内部裂纹也是导致材料失效的重要原因，高能激光的作用很容易引起温度梯度，从而产生热应力。因此，建立精确的温度场预测模型和应力场预测模型是实现高效优质加工的关键。

工件表面吸收的激光能量传导进入内部，改变了局部材料的性能。氮化硅陶瓷中的玻璃相转变温度为 920~970℃，当温度超过 1000℃时，氮化硅陶瓷的强度与硬度都有明显下降，达到加热辅助切削的要求。因此，需要将去除区域的温度提高到 1000℃以上。此外，在激光加热辅助切削过程中，激光作用于工件表面，激光光斑范围内的表面温度很高，当工件温度超过 800℃时，工件表层材料与空气中的氧气发生氧化反应，产生二氧化硅与氮气，反应式为

$$Si_3N_4 + 3O_2 \Longrightarrow 3SiO_2 + 2N_2 \tag{2-10}$$

激光加热氮化硅陶瓷工件表面的 SEM 照片如图 2-5 所示，激光光斑中心温度约为 1780℃，边缘温度约为 1600℃(通过温度场仿真得到的近似值)。在激光光斑边缘温度较低的区域，形成了二氧化硅氧化层(SiO_2)与玻璃相氧化层($Y_2Si_2O_7$)，表面不再光滑。距离光斑中心越近温度越高，玻璃相在高温下熔化，氮化硅氧化状态加剧，形成的二氧化硅薄膜在生成的氮气作用下开始膨胀，变得越来越大，形成氧化硅气泡。连续高温条件下，生成的氮气逐渐增加，气泡内部压力升高，最终破裂。当温度超过 1878℃时，氮化硅开始分解成液态的硅与氮气。液态硅在高压的氮气作用下被抛出，并与空气中的氧反应形成氧化硅，冷却后形成白色粉末覆盖在加热表面。激光加热表面时，可能会产生等离子体。在激光加热辅助切

削过程中，激光的作用是将材料软化而不影响工件表面性能，所以在加热后需要用刀具将此氧化层除去。

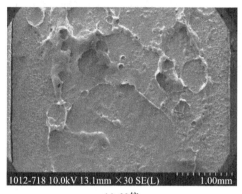

(a) 30倍　　　　　　　　　　　　　　　(b) 300倍

图 2-5　激光加热氮化硅陶瓷工件表面 SEM 照片

研究氮化硅陶瓷高温抗氧化性能，通常把氮化硅陶瓷置于高温环境数小时甚至数天，而在激光加热辅助切削时，工件为局部加热，刀具切削时形成的表面在高温下氧化的时间很短，约为数秒。当短时间经历温度小于 1420℃时，在氮化硅表面氧化反应不明显。综上所述，通过激光加热将氮化硅陶瓷切削去除局部区域温度提高至 1000～1420℃，可以达到工件软化加工的要求。

2.2.2　激光与镍基高温合金的作用

K24 是一种高 Al、Ti 含量、低密度型镍基铸造合金，它具有较高的高温强度、塑性及良好的工艺性；一般在铸态下使用，但是为了降低枝晶偏析的程度，提高合金的综合性能，也可以采用固溶处理。合金的饱和度比较高，在 850℃左右长期使用时，会有析出 σ 相的倾向，但其对零件尺寸的大小比较敏感，可以通过控制合金的成分和冶炼工艺的参数及采用薄壁尺寸来减少和延缓 σ 相的析出。该合金适合于制造在 950℃下工作的涡轮转子叶片、整铸涡轮以及发动机尾喷调节片等部件。熔炼与铸造工艺采用真空感应炉熔炼母合金，真空感应炉重熔浇铸熔模精密铸件和试样。K24 已用于制造某航空发动机尾喷调节片底板，并在航天发动机的几个重要部件上使用。与它相近的 Вжл-12у 合金已被俄罗斯用于制造 Ал～31Ф、Р33、Р29 等发动机Ⅰ级涡轮叶片、尾喷调节片底板和整铸涡轮转子等部件。

GH4698 高温合金是在 GH4033 原有成分的基础上添加铝、钛、钼、铌等金属成分强化而成的。GH4698 具有高温强度高、高温稳定性好、疲劳寿命长等特点。在 GH4698 中溶解多种合金元素，可以提高组织在高温下的稳定性，其中的 Cr 元素能防止金属被氧化，同时也能抗腐蚀。

Inconel 718 合金是一种由体心四方和面心立方相沉淀而得到强化的镍基高温合金，在–253～700℃范围内具有良好的综合性能，在 650℃以下的屈服强度位居变形高温合金的首位，并具有良好的抗疲劳、抗辐射、抗氧化、耐腐蚀性能，以及良好的加工性能和长期组织稳定性，能够用于制造各种形状复杂的零部件，在航天、核能、石油等行业应用极为广泛。

三种不同的高温合金 K24、GH4698 及 Inconel 718 的导热系数、比热容、抗拉强度及弹性模量变化如图 2-6 所示。

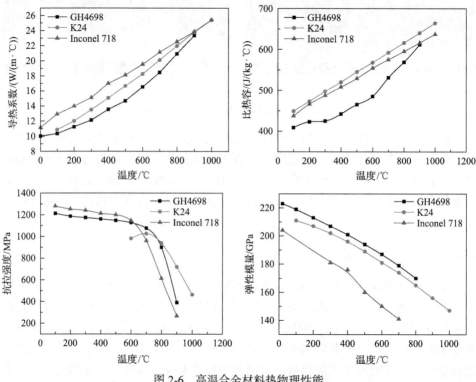

图 2-6　高温合金材料热物理性能

三种高温合金的导热系数及比热容随温度升高而增大，导热系数越大，物体传导热量的速度越快。由于高温合金材料的导热系数相对较小，激光加热产生的热量传导速度较慢，因此激光加热的速度不应过快。高温合金的抗拉强度随温度的升高而降低，在 700～1000℃显著下降，因而材料在移除过程中所需的切削力降低，易于切削，其冲击性能也明显下降。由于铣削是断续切削，切削过程中工件对刀具的冲击作用比较大，随着温度的升高，材料的冲击性能下降可以减少切削过程中的振动，降低切削力，提高刀具的使用寿命。当工件材料去除区域温度提高到 700℃以上时，材料的加工性能下降，切削加工性得到改善。而随着温度的升高，材料的弹性模量、剪切模量都有所降低，均有利于高温合金材料的加工。在激光加热辅助切削过程中，待去除区域的温度高，容易使工件被氧化，而利用激光加热的目的是将材料软化但不影响工件的表面性能，因此需要使用铣刀将氧化后的金属层去除。在激光加热辅助铣削的过程中，由于工件是局部加热，通过控制加热温度及切削深度，刀具切削形成的已加工表面成分不会产生变化。当切削区域温度过高时，高温合金材料黏着在刀具上的现象严重，加工表面质量较差，所以要控制工艺参数使温度在一定的范围内，即使 K24 材料性能下降利于切削且材料黏刀现象控制在一定的范围内。通过材料的物理特性分析，材料切削区域温度在 700～1000℃时，材料的抗拉强度、冲击性能、弹性模量和剪切模量均降低，且黏刀现象不明显，可以达到通过激光加热辅助铣削加工改善高温合金材料切削加工性的目的。三种高温合金材料相比，K24 需要的温度更高。

　　根据激光强度和辐射时间，金属与激光的相互作用分为吸收光束、能量传递、金属组织变化和激光作用的冷却等阶段，能在材料表面产生加热、熔化和冲击作用。激光照射 Inconel 718 合金工件表面如图 2-7 所示。当温度达到 600℃后，加热表面开始氧化，工件表面颜色发生变化，但工件材料并未被去除。当温度达到 750℃后，材料开始熔化，并在冷却后在加热轨迹上形成凹痕。当温度达到 800℃后，工件受热开始变形并且表面严重烧伤。但是工件在加热辅助切削后表面不会出现这种情况，因为激光加热的作用是使工件局部区域软化，而不是将其熔化或者气化。激光加热后受影响的表面被刀具去除，获得图 2-7 所示的加工表面。

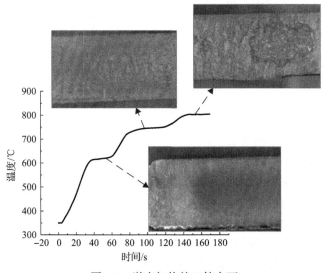

图 2-7　激光加热的工件表面

2.3　激光加热辅助切削过程中切屑的形成

2.3.1　热压烧结氮化硅陶瓷的切屑形成

通过分析加工后工件表面及加工过程中产生的切屑，得到激光作用下刀具与材料的作用机理。当激光功率较低时产生图 2-8(a)所示的碎屑，随着温度的升高切屑逐渐变得连续，在将激光功率提升到 220W 后，会产生与传统金属切削相似的连续切屑，如图 2-8(b)所示。温度较高时，晶界玻璃相的黏度降低，材料进入剪切变形区，在剪应力作用下，晶界玻璃相发生黏滞流动，晶粒相互影响，重新分布。切削过程中，由玻璃相连接的晶粒在沿前刀面排出时受到前刀面的挤压和摩擦，并在前刀面切削合力和剪切面上切削抗力组成的弯矩作用下卷曲。随着远离切削区，切屑温度下降，玻璃相软化程度降低，并且玻璃相流动与新晶界的形成使某些区域缺少玻璃相，无法连接所有氮化硅晶粒，切屑在复杂的受力状态下，在自身边缘产生裂纹，并向内部扩展。最后，在刀具的作用下断裂，形成独立的切屑。

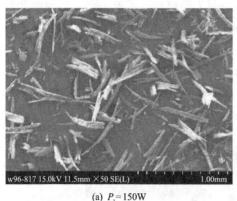
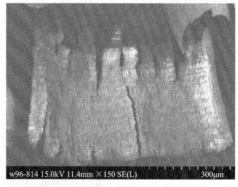

(a) $P_1 = 150W$　　　　　　　　　　　(b) $P_1 = 220W$

图 2-8　不同激光功率的切屑形态

切屑的外表面是卷曲的层状结构，内表面是由刀具挤压形成的光滑区域与断裂层组成的，层间为黏附在玻璃相上的清晰晶粒，如图 2-9 所示，表明切屑发生断裂的主要方式是晶粒间断裂。随着切削区温度降低，玻璃相处于软化流动的时间变短，材料由切削区流出后即在刀具的作用下断裂，切屑会明显减小，逐渐变为针状切屑。温度的降低导致流动性变差，切削力增加。加工后形成的工件表面如图 2-10 所示，可以看到加工表面的晶粒和晶粒脱离后形成的孔洞。

上述研究表明，氮化硅陶瓷在加热切削过程中的塑性主要是由高温软化的晶粒间玻璃相在刀具作用下的黏滞流动产生的，切屑主要是晶粒间断裂形成的，切屑形成原理示意图如图 2-11 所示。其表现的塑性与金属切削工件受到刀具挤压和摩擦产生的塑性变形根本上是不同的。

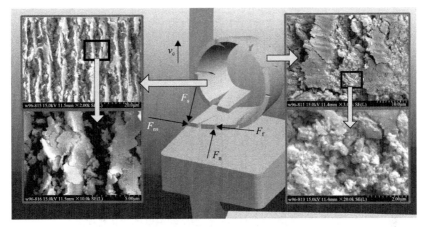

图 2-9　切屑受力及内外表面放大照片

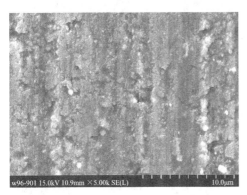

图 2-10　加工后形成的工件表面图片

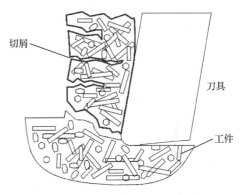

图 2-11　切屑形成原理示意图

2.3.2　高温合金的切屑形成

与大部分金属材料相似，高温合金材料主要的加工机理是通过提高材料局部的温度降低材料的强度，从而提高材料的可加工性能。Inconel 718 高温合金的抗拉强度随着温度的升高逐渐降低，如图 2-12 所示，当超过 600℃时，抗拉强度明显下降，此时刀具与工件之间的摩擦力减小、去除材料所需的剪切力减小，最终使切削力和比切削能均大大减小。激光加热辅助铣削过程中不同切削速度和激光加热温度下的切屑形态如图 2-13 所示(图中，T20-200 表示温度为 20℃，切削速度为 200m/min，其他类似)。随着温度和切削速度的升高，切屑表面颜色加深，因材料的延展性提高而增大的切屑宽度使切屑表面具有连续性；同时切削力降低，对刀具的冲击力减小，刀具磨损量减小。

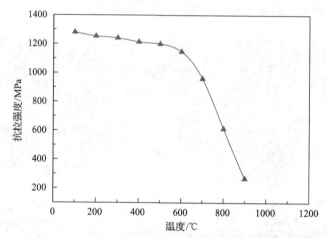

图 2-12　高温合金材料抗拉强度随温度的变化规律

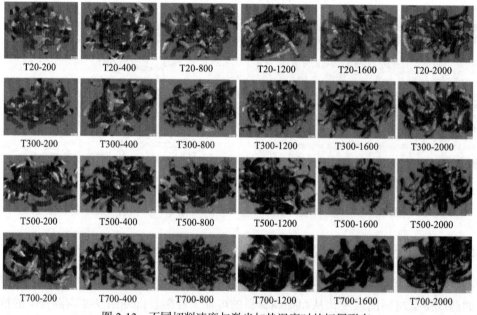

图 2-13　不同切削速度与激光加热温度时的切屑形态

第3章 激光加热辅助切削仿真

3.1 激光加热温度场仿真

激光加热辅助切削过程中的传热过程包括：①激光光斑作用区域，材料对激光能量的吸收；②吸收的热量在工件内部的热传导；③工件表面与周围空间的对流传热；④工件表面向周围的辐射传热；⑤刀具与工件材料摩擦产生的热量；⑥工件与刀具、工件与夹具之间的热传导及切屑带走的热量。可见，加热辅助切削过程中的激光加热、内部热传导与外部对流辐射传热过程复杂，上述理论分析仅能够初步选定参数范围，无法真实反映加工过程中的温度分布，需要进行更全面的模拟计算。有限元方法是求解复杂传热过程的一种有效方法。

3.1.1 激光加热辅助车削温度场模型

激光加热辅助车削温度场模型示意图如图 3-1 所示。利用数值有限元方法研究激光加热辅助切削热压烧结工程陶瓷时的温度场分布，由于实际加热切削温度场的影响因素非常复杂，对实际问题做了如下基本假设：

(1)加工过程中所用的激光束为基模高斯分布。

(2)陶瓷材料对激光的吸收率不受工件温度影响。

(3)氮化硅工件材料为各向同性，热物理性能随温度变化。

(4)加热后的工件向周围热辐射传热简化为小表面向周围大空间热辐射。

(5)工件与夹具接触的边界假设为绝热边界，忽略工件对夹具的热传导。

(6)切削产生的热量传导进入工件的热量与激光加热作用相比很小，因此在仿真中忽略，同时也忽略工件与刀具接触边界的热交换作用。

传热过程简化为旋转圆柱体在高斯移动热源与对流、辐射边界作用下的三维瞬态传热问题。圆柱坐标系下导热微分方程为

$$\frac{\partial}{r\partial r}\left(kr\frac{\partial T}{\partial r}\right)+\frac{\partial}{r^2\partial\phi}\left(k\frac{\partial T}{\partial\phi}\right)+\frac{\partial}{\partial z}\left(k\frac{\partial T}{\partial z}\right)+q_v=\rho c_p\,\omega\frac{\partial T}{\partial\phi}+\rho c_p V_z\frac{\partial T}{\partial z}+\rho c_p\frac{\partial T}{\partial t}$$

$$(3\text{-}1)$$

式中，ρ 为密度(kg/m³)；c_p 为定压比热容(J/(kg·K))；ω 为角速度(rad/s)；V_z 为激光轴向移动速度(m/s)；q_v 为内热源功率密度，即单位体积生热率(W/m³)。

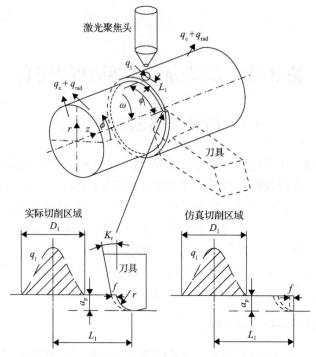

图 3-1 激光加热辅助车削温度场模型示意图

1. 边界条件

材料表面吸收的激光能量转化为热能，表面温度升高，与此同时材料内部进行由表及里、由高温向低温的热传导。材料由激光获得的热量视为一种边界条件，即材料表面存在一个随时间变化的外部热源。

在工件圆周表面激光光斑作用区域内，$\sqrt{[r(\phi - \phi_c)]^2 + (z - z_c)^2} \leqslant r_1$，有

$$k\frac{\partial T}{\partial r_w} = q_1 - q_c - q_{rad} \qquad (3-2)$$

式中，q_1 为材料吸收激光热量（W/m^2）；q_c 为材料表面对流换热量（W/m^2），$q_c = h_c(T - T_0)$；q_{rad} 为材料表面辐射换热量（W/m^2）。

激光光斑作用区域外，$\sqrt{[r(\phi - \phi_c)]^2 + (z - z_c)^2} > r_1$ 时，有

$$k\frac{\partial T}{\partial r_w} = -q_c - q_{rad} \qquad (3-3)$$

在工件自由端边界，有

$$k \frac{\partial T}{\partial r_z} \bigg|_{\substack{z=0 \\ z=z_w}} = -q_c - q_{rad} \tag{3-4}$$

在刀具与工件接触的区域, 有

$$k \frac{\partial T}{\partial \phi} \bigg|_{\phi=\phi_m} = q_m \tag{3-5}$$

式中, q_m 为刀具与工件摩擦产生的热量 (W/m^2) 。

工件为室温, 初始边界为

$$T(r, \phi, z, t)_{t=0} = T_0 \tag{3-6}$$

式中, T_0 为环境温度 (K) 。

2. 边界条件取值

热载荷以热流密度的形式加载到相应单元表面, 光束为高斯基模光束, 其截面上的功率密度如式 (2-1) 所示。工件的旋转表面与周围对流传热, 其换热系数为

$$h_d = \frac{k}{D_w} \cdot 0.11 \Big[\big(0.5 Re_D^2 + Gr_D \big) Pr \Big]^{0.35} \tag{3-7}$$

式中, D_w 为工件直径 (m) ; Pr 为工件边界平均温度下空气的普朗特数; Re_D 为旋转雷诺数; Gr_D 为格拉斯霍夫数。

其中, 旋转雷诺数 Re_D 为

$$Re_D = \frac{\rho_a \omega D_w^2}{2\mu} \tag{3-8}$$

式中, ρ_a 为空气密度 (kg/m^3) ; μ 为空气黏度 $(kg/(m \cdot s))$ 。

格拉斯霍夫数 Gr_D 为

$$Gr_D = \frac{\rho_a g \beta [Tr_w - T_0] D_w^3}{\mu^2} \tag{3-9}$$

式中, β 为空气的体膨胀系数 (K^{-1}) ; Tr_w 为工件外表面平均温度 (K) 。

普朗特数 Pr 为

$$Pr = \frac{\mu/\rho}{\alpha_a} \tag{3-10}$$

式中, α_a 为空气的热扩散系数 (m^2/s) 。

工件自由端边界对流换热系数为

$$h_e = \frac{k}{D_w} \times 0.4 \left[(Re_D/2)^2 + Gr_D \right]^{0.25} \tag{3-11}$$

由于激光光斑作用区域温度很高,热辐射产生的换热作用也不能忽略。简化为工件向周围开放式空间辐射换热,辐射换热量为

$$q_{rad} = \varepsilon\sigma(T^4 - T_0^4) \tag{3-12}$$

式中,σ 为玻尔兹曼常数,$5.67 \times 10^{-8}\text{W}/(\text{m}^2 \cdot \text{K}^4)$;$\varepsilon$ 为材料热辐射率。

为计算方便,将辐射换热量折合成对流换热量,其等效的辐射换热系数为

$$h_r = \sigma\varepsilon(T + T_0)(T^2 + T_0^2) \tag{3-13}$$

加工过程中,有对流与辐射同时存在的复合换热过程,单位面积换热总量为

$$q_c = h_c(T - T_0) \tag{3-14}$$

式中,h_c 为复合换热系数(W/(m·K)),$h_c = h_e + h_r$。

3. 网格划分与计算

有限元法的基本思想是将一个连续的求解域离散为一组或有限个区域,并按照一定的方式将离散单元连接在一起,同时单元可以选择不同的形状,即使是形状复杂的求解域也能表达,最后根据变形协调条件综合求解。温度有限元分析的主要流程如图 3-2 所示。

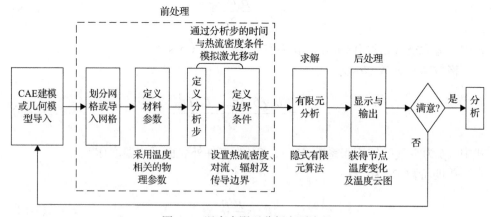

图 3-2　温度有限元分析主要流程

将传热过程转化为对应的有限元控制方程为

$$K(T)T + C(T)T' = Q(T) \qquad (3\text{-}15)$$

式中，$K(T)$ 为与温度相关的热传导矩阵；$C(T)$ 为与温度相关的比热容矩阵；T 为节点温度向量；T' 为节点温度对时间的导数向量；$Q(T)$ 为温度载荷列阵。以上述热流密度、对流与热辐射传热作为边界条件，采用商用有限元软件建立模型。由于激光光斑直径尺寸相对工件尺寸小，激光作用区域网格数目较多才能得到相对准确的结果，但会造成整体网格数量较多。故按照加工顺序，将整个过程分为几个分步，局部加密轴向网格，达到减少总体网格数量的目的。随着加工的进行，加密位置不同，采用网格重构方法，不同分步网格之间通过节点温度插值的方法得到各点温度值，将前一部分得到的结果作为后一部分的初始温度场继续进行计算。另外，因为激光加热时间短，仅在表层局部位置具有很高的温度，有较大的温度梯度，所以工件表层网格较密，最终采用图 3-3 所示的激光加热辅助切削温度场网格划分方法。在一个载荷步的时间内，激光移动距离等于单元的尺寸，激光移动速度通过载荷步的时间间隔改变。

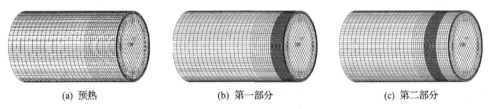

(a) 预热　　　　　　　　(b) 第一部分　　　　　　　　(c) 第二部分

图 3-3　激光加热辅助切削温度场网格划分方法

激光能量密度高，并且对工件进行局部加热，因此在激光加热的过程中，激光光斑中心的温度远高于周围区域温度，存在较大的温度差异，由于受热膨胀变形不一致，相互约束产生较高的热应力。激光作用于一般的金属材料，其产生的应力场可能是弹塑性的，但对于陶瓷等硬脆材料，其塑性几乎等于零。

分析时仅计算弹性的热应力场。材料热弹性应力-应变关系可表示为

$$\varepsilon = \varepsilon^{\text{th}} + D^{-1}\sigma \qquad (3\text{-}16)$$

式中，σ 为应力（MPa），$\sigma = [\sigma_x, \sigma_y, \sigma_z, \sigma_{xy}, \sigma_{yz}, \sigma_{xz}]^{\text{T}}$；$D$ 为弹性矩阵，

$$D^{-1} = \begin{bmatrix} 1/E_x & -\nu_{xy}/E_y & -\nu_{xy}/E_z & 0 & 0 & 0 \\ -\nu_{yx}/E_x & 1/E_y & -\nu_{yz}/E_z & 0 & 0 & 0 \\ -\nu_{zx}/E_x & -\nu_{zy}/E_y & 1/E_z & 0 & 0 & 0 \\ 0 & 0 & 0 & 1/G_{xy} & 0 & 0 \\ 0 & 0 & 0 & 0 & 1/G_{yz} & 0 \\ 0 & 0 & 0 & 0 & 0 & 1/G_{xz} \end{bmatrix}$$

ε 为应变；ε^{th} 为热应变；E_x、E_y、E_z 为弹性模量；v_{yz}、v_{xy}、v_{xz}、v_{yx}、v_{zx}、v_{zy} 为泊松比；G_{xy}、G_{yz}、G_{xz} 为剪切弹性模量。

由虚功原理 $\delta U = \delta W$ 可推出结构平衡方程为

$$(K_e + K'_e)u - F_e^{\text{th}} = M_e \ddot{u} + F_e^{\text{pr}} + F_e^{\text{nd}} \tag{3-17}$$

式中，K_e 为单元刚度矩阵，$K_e = \displaystyle\int_l B^{\text{T}} DB \mathrm{d}V$，$B$ 为位于单元形状函数之上的应变位移矩阵；K'_e 为单元基础刚度矩阵，$K'_e = \displaystyle\int_{N_f} K N_n^{\text{T}} N_n \mathrm{d}s_f$，$N$ 为垂直于表面的运动形状函数；F_e^{th} 为单元热力矢量，$F_e^{\text{th}} = \displaystyle\int_V B^{\text{T}} D\varepsilon^{\text{th}} \mathrm{d}V$；$M_e$ 为单元质量矩阵，$M_e = \displaystyle\int_V \gamma N^{\text{T}} N \mathrm{d}V$；$\ddot{u}$ 为加速度矢量，$\ddot{u} = \dfrac{\partial^2 u}{\partial t^2}$；$F_e^{\text{pr}}$ 为单元压力矢量，$F_e^{\text{pr}} = \displaystyle\int_{N_p} N_n^{\text{T}} p \mathrm{d}s_p$。

采用有限元方法计算时，因为热应力场对网格的要求比较精细，所以用较细的网格重新划分并分析整个模型耗费机时。由于激光的入射区域温度非常高，而且激光为高斯光束，局部温度梯度很大，热应力集中在激光的入射区域，可以采用子模型技术将区域网格细化并对其分析。子模型技术基于圣维南原理，实际分布载荷被等效载荷代替以后，应力和应变只在载荷施加的位置附近有改变，将子模型的位置远离应力集中位置，子模型内就可以得到较精确的结果。激光加热辅助车削过程中的热应力求解过程如图 3-4 所示。首先采用较大的网格尺寸划分整体模型，通过温度场加载得到整体节点的位移值，从而得到切割边界的节点位移值。在激光光斑局部建立网格尺寸较小的局部模型，将边界节点位移值与插值后的节点温度作为边界载荷加载，通过计算分析得到激光作用下的热引力场分布规律。

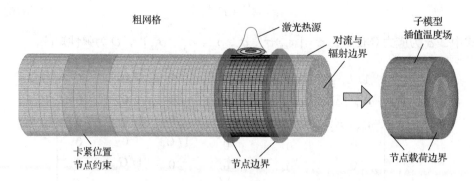

图 3-4　激光加热辅助车削过程中的热应力求解过程

3.1.2　激光加热辅助铣削温度场模型

1. 激光加热模型

激光加热辅助铣削温度热传导模型如图 3-5 所示。激光加热辅助铣削过程中的传热过程包括工件表面吸收的激光热量、工件内部传递的热量、刀具与工件摩擦产生的热量、工件与夹具之间的热传导及工件对流与热辐射的热量。三维直角坐标导热控制方程为

$$k\left(\frac{\partial^2 T}{\partial x^2} + \frac{\partial^2 T}{\partial y^2} + \frac{\partial^2 T}{\partial z^2}\right) + q_{\mathrm{v}} = \rho c_p \frac{\partial T}{\partial t} \tag{3-18}$$

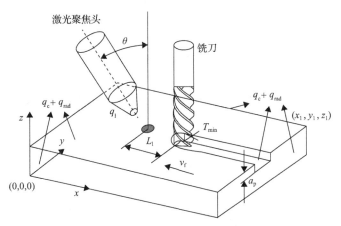

图 3-5　激光加热辅助铣削温度热传导模型

在工件表面,激光光斑作用区域内 $\sqrt{(x-x_{\mathrm{c}})^2 + (y-y_{\mathrm{c}})^2} \leqslant r_1$ 时,有

$$\left. \lambda \frac{\partial T}{\partial z} \right|_{z=z_1} = q_1 - q_{\mathrm{c}} - q_{\mathrm{rad}} \tag{3-19}$$

在激光光斑作用区域外, $\sqrt{[(x-x_{\mathrm{c}})]^2 + (y-y_{\mathrm{c}})^2} > r_1$ 时,有

$$\left. \lambda \frac{\partial T}{\partial z} \right|_{z=z_{\mathrm{T}}} = -q_{\mathrm{c}} - q_{\mathrm{rad}} \tag{3-20}$$

激光束以一定的入射角 θ 照射至工件表面时,光斑沿入射方向拉长,激光作用区域为椭圆,激光功率密度为

$$I = \frac{2\alpha P_1 \cos\theta}{\pi r_{\mathrm{b}}^2} \exp\left(-\frac{2r^2 \cos\theta}{r_{\mathrm{b}}^2}\right) \tag{3-21}$$

式中，θ 为激光束入射角。

工件的四周为对流与热辐射的边界条件，表示为

$$k \frac{\partial T}{\partial z}\bigg|_{\substack{x=0,x_1 \\ y=0,y_1}} = -q_c - q_{rad} \qquad (3\text{-}22)$$

由于工件移动速度很慢，其对流系数与表面温度无关，约为 10W/(m²·K)。工件的初始边界条件为

$$T(x,y,z,t)_{t=0} = T_0 \qquad (3\text{-}23)$$

加工过程中采用隔热夹具装夹，工件底部及与夹具接触的部位假设为绝热边界：

$$k \frac{\partial T}{\partial z}\bigg|_{z=0} = 0 \qquad (3\text{-}24)$$

在材料去除区域，刀具与工件塑性作用过程中的摩擦产生热量。由于此模型不包含刀具，假设刀具与工件作用产生恒定的热流密度作用在材料去除区域，此边界条件为

$$k \frac{\partial T}{\partial x}\bigg|_{z=x_m} = q_m \qquad (3\text{-}25)$$

式中，q_m 为铣削过程中产生的热量，可以通过加工过程中的切削力理论计算得到。通常情况下，由于切削产生的热量远低于激光入射产生的热量，在仿真中忽略由切削产生的热量。

2. 激光加热辅助铣削耦合温度场分析

采用切削过程模型对激光加热辅助铣削的过程进行研究，虽然能够得到切削区域温度分布及切屑的形成过程，但刀具与工件单次接触模拟就需要较长的时间，难以模拟切削过程对工件温度的影响规律。在加工过程中，切削深度位置的材料温度是影响已加工表面材料性能变化的重要因素，因此确定工件的温度场分布对参数优化具有重要的意义。

温度场仿真速度快，能够有效地预测激光加热温度场，所以把切削过程产生的热量作为热载荷加入温度场模型中，可以预测激光加热辅助铣削的温度场分布。利用 ANASYS 建立实际加工工件模型，对切削区域及待切削区域进行网格细化，新网格尺寸为原网格的 1/3，网格划分结果如图 3-6 所示。采用细化的网格和生死单元算法可以精准地模拟切削区的切削过程，实现温度场的耦合。

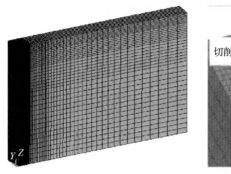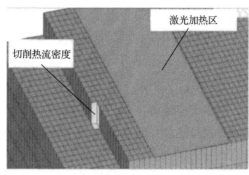

图 3-6　耦合温度场网格划分及模型示意图

模型中，工件采用热学梯度算法，当切削区最低温度高于熔点时，将该单元杀死即完成材料的去除，而剩下的单元温度低于熔点，继续使用进入下一步循环。热源采用前面提到的高斯热源，通过单个网格的去除模拟单次进给切削区切削过程，如图 3-7 所示。细化后的网格尺寸与单次进给所去除材料的尺寸接近，这样会使仿真结果更为准确。

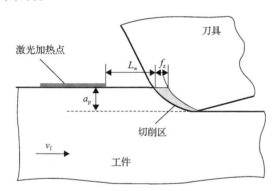

图 3-7　激光加热辅助铣削切削区示意图

由切削过程所产生的热量 E_c 与每次进给所产生的主切削力 F_c 及切削距离 L_w 的关系为

$$E_c = F_c L_w \times 10^{-3} \qquad (3\text{-}26)$$

因为切削区的生热及传热过程极为复杂，为了方便计算，假设所生成的热量均匀地通过，热流密度 q''_{gen} 均匀地传递，各参数间关系为

$$A_c = (L_w a_p) \times 10^{-6}$$

$$t_s = \frac{\delta}{v_f / 60} \qquad (3\text{-}27)$$

式中，A_c 为切削层面积；δ 为进给步长（mm）；t_s 为单载荷步作用时间。

激光热源每移动一个载荷步，相应的切削都会产生热流密度，综合上述关系式，可得到热流密度计算公式如下：

$$q''_{gen} = \eta_h \eta_w \frac{E_c}{t_s A_c} \cdot \frac{\delta}{f_z} = \eta_h \eta_w \frac{16.7 F_c v_f}{f_z a_p} \tag{3-28}$$

式中，η_h 为切削动能转化为热能的效率；η_w 为切削生热传递到工件的效率。

耦合温度场仿真结果如图 3-8 所示（P_l=150W、a_p=0.2mm、f_z=0.02mm），激光加热光斑中心和刀具的距离与试验相同，而切削区热流密度是根据刀具去除材料时的切削力进行加载的，这样可以提高仿真的精度。

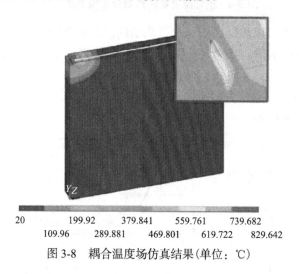

20		199.92		379.841		559.761		739.682
	109.96		289.881		469.801		619.722	829.642

图 3-8　耦合温度场仿真结果(单位：℃)

激光光斑中心测温点仿真温度与试验温度结果如图 3-9 所示。通过对比分析发现，仿真结果与试验结果基本一致，切削过程中，后刀面与工件摩擦所带来的大量切削热大部分都被切屑带走。切削过程从本质上是一个能量传递和转化的过程。在切削过程中，由于接触表面应力不断增加，工件产生了应变能，而材料的弹性应变不能抵消应变能，导致材料产生塑性形变。与摩擦功同时作用的材料塑性形变功可转化为热能，使工件与刀屑接触表面的温度升高，进而引起工件与刀具的热应变。

温度的升高对工件材料的影响还包括材料的软化，热软化、应变硬化和应变率强化等综合作用共同影响切削力的大小，切削力的变化又导致刀具对工件的做功下降，切削产生的热也减少，温度降低，材料的软化作用又被削弱，因此切削力又有增加的趋势。在稳定切削过程中，这种复杂的过程反复进行并达到热力学平衡状态，使持续加工的激光加热区温度达到平衡。

激光光斑中心位置的温度虽然很高，但沿深度方向温度下降很快，而且作用

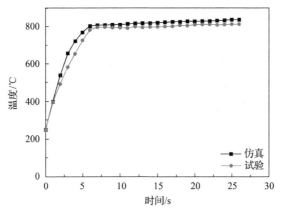

图 3-9　激光中心测温点仿真温度与试验温度结果

时间很短，不会影响材料的性能，因此加工过程中刀具将激光烧蚀的材料去除后，不会影响已加工工件表面的性能。激光光斑中心温度为 400℃ 及 800℃ 时，激光扫描工件的截面金相组织如图 3-10 所示，随着距离工件表面越近，材料的金相组织的变化越明显，材料的性能也发生变化。金相变化区厚度为 0.1~0.3mm，温度越高影响区越深。采用铣刀加工时，选择适合的切深会使金相密集区消失，而不会影响已加工材料的表面性能。

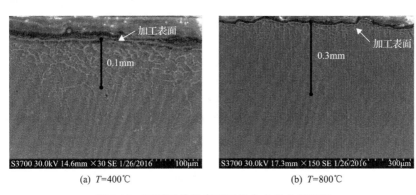

(a)　$T=400℃$　　　　　　　　　　　　　(b)　$T=800℃$

图 3-10　不同预热温度下工件中心点金相组织

3.2　切削过程仿真

3.2.1　切削理论模型

1. 切削生热模型

切削过程中热量产生的主要来源为：一方面是在切削过程中刀具与工件接触产生切屑的过程中产生塑性变形而产生的热量；另一方面是刀具与工件、切屑之间的摩擦而产生的热量。

1）热应力模型

假设工件内部存在温度差异，温差的分布情况设为 $\Delta T(x,y,z)$ ，工件内部存在温差将会引起工件内部的膨胀效果，用膨胀量 $\alpha_T \cdot \Delta T(x,y,z)$ 表示工件内部膨胀效果，其中 α_T 为材料的膨胀系数，则工件的具体物理方程为

$$\varepsilon_{xx} = \frac{1}{E}\Big[\sigma_{xx} - \mu(\sigma_{yy} + \sigma_{zz}) + \alpha_T \Delta T \Big]$$

$$\varepsilon_{yy} = \frac{1}{E}\Big[\sigma_{yy} - \mu(\sigma_{xx} + \sigma_{zz}) + \alpha_T \Delta T \Big]$$

$$\varepsilon_{zz} = \frac{1}{E}\Big[\sigma_{zz} - \mu(\sigma_{xx} + \sigma_{yy}) + \alpha_T \Delta T \Big] \tag{3-29}$$

$$\gamma_{xy} = \frac{1}{G}\tau_{xy}, \quad \gamma_{yz} = \frac{1}{G}\tau_{yz}, \quad \gamma_{zx} = \frac{1}{G}\tau_{zx}$$

式中，$G = \dfrac{E}{2(1+\mu)}$ ；σ_{xx}、σ_{yy}、σ_{zz} 为应力；ε_{xx}、ε_{yy}、ε_{zz} 为应变；γ_{xy}、γ_{yz}、γ_{zx} 为角应变。

根据传热定律和能量守恒定律建立物体的瞬态温度场 $T(x,y,z,t)$ ，方程为

$$k\frac{\partial^2 T}{\partial x^2} + k\frac{\partial^2 T}{\partial y^2} + k\frac{\partial^2 T}{\partial z^2} + \rho Q = \rho C_T \frac{\partial T}{\partial t} \tag{3-30}$$

2）前刀面摩擦生热

刀具与切屑之间有黏结区和滑动区两个摩擦区域。在黏结区，切屑底部的速度比上部缓慢得多，在切削底部形成滞留层，存在内摩擦和外摩擦；切屑开始进入滑动区后，仅为外摩擦。摩擦经验公式为

$$\dot{q}_f = \eta_f \tau_{fr} \frac{v_{chip}}{J} \tag{3-31}$$

式中，$\dot{q}_f$ 为摩擦产生的体积热流率；η_f 为摩擦所做功转换热量的相关系数；v_{chip} 为切屑相对滑动速度。

3）刀具和工件表面与空气产生的对流散热

刀具和工件表面与空气产生的对流散热公式为

$$q_c = h(T - T_0) \tag{3-32}$$

式中，q_c 为对流换热量；h 为热量转换系数；T 为工件材料或者刀具表面的温度。

热量转换系数 h 的大小取决于比热容、密度、流体的速度、导热系数以及参与热量交换的表面形状、大小等。

4) 激光加热切削过程间隙热传导

切屑与前刀面之间发生热量传递的多少由间隙热传导关系决定，其间隙热传导公式为

$$q = k(\theta_A - \theta_B) \tag{3-33}$$

式中，q 为热流量；θ_A、θ_B 分别为切屑与刀具各自的温度。若切屑与刀具的温度差 $(\theta_A - \theta_B)$ 很小，则间隙导热系数 k 将趋于无穷大，切屑内的热量传递为

$$Q = \lambda \frac{\mathrm{d}\theta}{\mathrm{d}L} \tag{3-34}$$

式中，λ 为切屑导热系数；$\dfrac{\mathrm{d}\theta}{\mathrm{d}L}$ 为切屑内的温度梯度。

将式(3-33)和式(3-34)进行整理合并，得到切削热局部传导模型为

$$k(\theta_A - \theta_B) = \lambda \frac{\mathrm{d}\theta}{\mathrm{d}L} \tag{3-35}$$

2. 高速切削中切屑形成机理分析

1) 切削加工中切屑变形的基本原理

高速切削加工过程具有很高的切削速度，将产生很大的材料去除率，会发生较大的金属切削变形，其变形程度可以用剪应变 ε、剪切角 ϕ、变形系数 ξ、刀屑接触长度 L、平均应变率 $\dot\varepsilon$ 等来描述。简化的直角切削模型来表示切削过程，切削厚度与切屑厚度的关系如图 3-11 所示，其中变形系数 ξ 为

$$\xi = \frac{\alpha_{ch}}{\alpha_c} \tag{3-36}$$

对式(3-36)整理得到如下公式：

$$\xi = \frac{OM \sin(90 - \phi + \gamma_0)}{OM \sin \phi} = \frac{\cos(\phi - \gamma_0)}{\sin \phi} \tag{3-37}$$

$$\tan \phi = \frac{\cos \gamma_0}{\xi - \sin \gamma_0} \tag{3-38}$$

切削过程中金属变形的主要形式是剪切滑移，剪切角 ϕ 和剪应变 ε 的关系如图 3-12 所示。连续切屑的形成是一个稳定的过程，当切屑刃从 A 移动到 O 时，平行四边形 $OABC$ 发生的剪切变形变为 $ODEC$，其剪应变，即相对滑移 ε 为

$$\varepsilon = \frac{\Delta s}{\Delta y} = \frac{BE}{CK} = \frac{BK + KE}{CK} \tag{3-39}$$

对式(3-39)进行整理分析有

$$\varepsilon = \frac{\cos\gamma_0}{\sin\phi\cos(\phi-\gamma_0)} \tag{3-40}$$

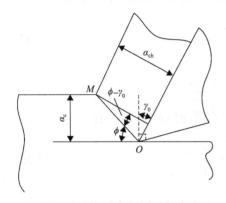 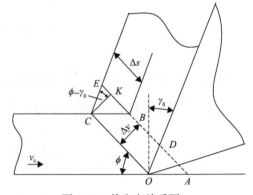

图 3-11　切削厚度与切屑厚度关系图　　　图 3-12　剪应变关系图

2)高速切削中锯齿形切屑形成机理

高速切削过程中，绝热剪切现象以锯齿形切屑形态为判据，此时的切削速度作为进入高速切削的临界速度。由于应变速率较高，镍基高温合金在高的应变速率状态下的塑性变形，通常采用应力与应变、应变率和温度等因素关系来表征，即

$$\tau_s = f(\varepsilon, \dot{\varepsilon}, T) \tag{3-41}$$

其全微分形式为

$$\mathrm{d}\tau_s = \frac{\partial f}{\partial \varepsilon}\mathrm{d}\varepsilon + \frac{\partial f}{\partial \dot{\varepsilon}}\mathrm{d}\dot{\varepsilon} + \frac{\partial f}{\partial T}\mathrm{d}T \tag{3-42}$$

绝热剪切失稳的临界条件为 $\mathrm{d}\tau_s = 0$，故得到如下公式：

$$\frac{\mathrm{d}\tau_s}{\mathrm{d}\varepsilon} = \frac{\partial f}{\partial \varepsilon} + \frac{\partial f}{\partial \dot{\varepsilon}}\frac{\mathrm{d}\dot{\varepsilon}}{\mathrm{d}\varepsilon} + \frac{\partial f}{\partial T}\frac{\mathrm{d}T}{\mathrm{d}\varepsilon} = 0 \tag{3-43}$$

式中，τ_s 为剪应力；T 为塑性变形温度；$\dot{\varepsilon}$ 为剪应变率；ε 为剪应变。

3. 切削有限元模型

切削过程是一个十分复杂的非线性热力耦合过程，材料局部区域在刀具的作用下发生大变形、高应变率的变化。切削过程中涉及的物理过程包括刀具与工件、刀具与切屑之间摩擦而产生的切削热、切削力；切屑在刀具高应变率的作用下与工件分离并且产生变形；刀具在切削热与切削力的作用下产生磨损，后刀面与工件表面作用产生已加工表面；产生的切削热向工件与刀具内部传导，形成工件与刀具的温度场。采用有限元的方法将工件与刀具离散，通过分析单元节点位移和节点应力应变与温度之间的关系来模拟切屑的形成过程、切削力和切削温度，有助于分析刀具几何参数、切削参数对切削力、切削温度、切屑形态等结果的影响规律，从而优化切削参数和刀具角度，为指导实际生产提供依据，能够有效地降低加工试验成本，缩短刀具设计和制造周期。

当前，用于切削过程进行仿真模拟的通用有限元软件主要有 ABAQUS、LSDYNA 与 MSC 及专用软件 DEFORM、AdvantEdge 等。AdvantEdge 是一款优化金属切削过程的 CAE 软件，使用该软件可以减少试切次数，使产品快速市场化。软件支持进行工件与刀具的自定义；具有丰富的材料库，用户可以直接定义材料；可以对切削工艺参数、刀具形状参数等切削加工性能进行优化。

AdvantEdge 的仿真过程包括几何建模、切削仿真设置、仿真求解和后处理，仿真流程如图 3-13 所示。

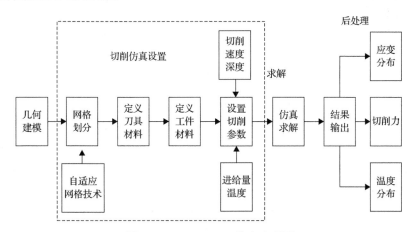

图 3-13 AdvantEdge 仿真流程图

1) 有限元模型的建立

切削仿真过程如图 3-14 所示，分别建立了激光加热温度场模型与切削加工模型。根据实际物理环境建立了激光加热模型，工件尺寸、激光光斑尺寸均为实际模型尺寸。该模型为局部模型，以关心的刀具和工件作用区域为研究对象，将温度场模型得到的切削区域局部温度作为整体模型的初始温度边界条件，从而得到在不同激光加热温度下工件作用区的变化规律。

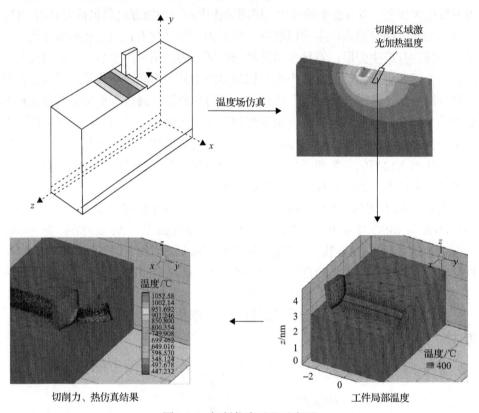

图 3-14 切削仿真过程示意图

工件材料为 Inconel 718 合金，忽略刀具磨损对仿真结果的影响，将刀具设置为刚体。试验刀具为可转位刀具，仿真计算时间长，精度较低，因此用刀片来代替整体可转位刀具进行仿真分析。采用 UG 三维软件建立铣刀模型，轴向前角为10°，径向前角为 7°，后角为 7°，刀尖圆弧半径为 0.8mm，铣刀片材料为硬质合金。建立的铣刀片与工件的模型如图 3-15 所示。

Johnson-Cook 本构模型(J-C 模型)具有形式简单、使用方便、材料参数的物理意义明确、材料参数相对简单，以及易于拟合和试验数据通用等诸多优点。高速条件下，材料的快变形响应、大应变、高应变率、剧烈温度变化对流动应力的影响等都可以在 J-C 模型中得到比较充分的反映，因而 J-C 模型在冲击动力学研究中得到广泛应用。J-C 模型属于经验型公式，采用函数乘积的关系式来描述应

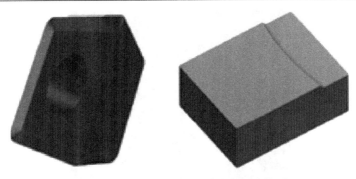

图 3-15　铣刀片与工件的有限元仿真模型

变、应变率和温度这三者对应力作用效果的影响：

$$\sigma = f_1(\varepsilon) f_2(\varepsilon) f_3(\varepsilon) \tag{3-44}$$

式中，f_1 为应变依赖性给度；f_2 为关于流变应力的应变率敏感性给度；f_3 为关于流变应力和温度之间的关系，体现在温度大小变化对屈服应力软化效果的影响。J-C 模型是将应变、应变率和温度变化对应力的影响进行解耦，再通过三者之间乘积的关系相互联系，可以表示为

$$\sigma = \left[A + B \left(\overline{\varepsilon}^{\mathrm{pl}} \right)^n \right] \left[1 + C \ln \frac{\dot{\overline{\varepsilon}}}{\dot{\varepsilon}_0} \right] \left[1 - \frac{\theta - \theta_{\mathrm{t}}}{\theta_{\mathrm{m}} - \theta_{\mathrm{t}}} \right]^m \tag{3-45}$$

式中，σ 为屈服应力；A 为在条件为准静态下时的屈服强度；$\dot{\varepsilon}_0$ 为准静态条件下的应变率；$\dot{\overline{\varepsilon}}$ 为等效的塑性应变率；$\overline{\varepsilon}^{\mathrm{pl}}$ 为等效的塑性应变；其他的参数 B 和 n 为应变硬化参数；C 为应变的强化参数；θ_{t}、θ_{m} 分别为室温下的温度、工件材料熔点的温度；m 为热软化的系数。J-C 模型参数如表 3-1 所示。

表 3-1　J-C 模型参数

A/MPa	B/MPa	n	C	m	$\varepsilon_0/\mathrm{s}^{-1}$
1138	1324	0.5	0.0092	1.27	1.0

2) 铣刀片与工件网格划分

切削过程中，由于工件具有较高的塑性应变，在刀具刀尖上参与切削和形成切屑的工件部位，网格容易发生扁平变形，为了提高模拟计算结果的准确性和精度，在迭代计算过程中，网格对参与切削和形成切屑的工件部分进行连续的网格调整划分。在 AdvantEdge 软件中，应用自适应网格技术，对铣刀片刀尖上参与切削部位和切屑形成的工件部位进行网格自适应调整划分，铣刀片与工件自适应网格划分如图 3-16 所示。

图 3-16　自适应网格划分技术

3）切削参数设置

为研究激光加热辅助高速切削技术对切削加工情况的影响规律，采用单因素的试验方法进行 AdvantEdge 有限元仿真分析。轴向深度为 0.3mm，每齿进给量为 0.025mm，切削径向宽度取工件的宽度为 15mm。切削仿真工艺参数如表 3-2 所示。

表 3-2　切削仿真工艺参数

切削参数	参数值
预热温度/℃	20, 300, 500, 700, 900
切削速度/(m/min)	50, 100, 300, 500, 700, 900
每齿进给量/mm	0.025
切深/mm	0.3

首先，分析切削速度对切削加工的影响规律；其次，分析温度对切削加工的影响规律，将工件设定至预热温度，刀具设置为常温 20℃；最后，分析温度、切削速度对切削的影响规律，工艺参数设置对话框如图 3-17 所示。

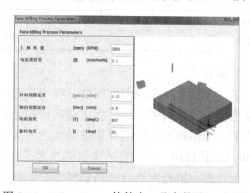

图 3-17　AdvantEdge 软件中工艺参数设置对话框

3.2.2　激光加热辅助高速铣削 Inconel 718 合金过程分析

1. 铣削过程温度分析

铣削区域温度是影响激光加热效果的重要因素。利用 AdvantEdge 软件分析激光加热辅助铣削 Inconel 718 合金过程，得到不同激光功率下、切削速度 500m/min 时的温度场分布，如图 3-18 所示。

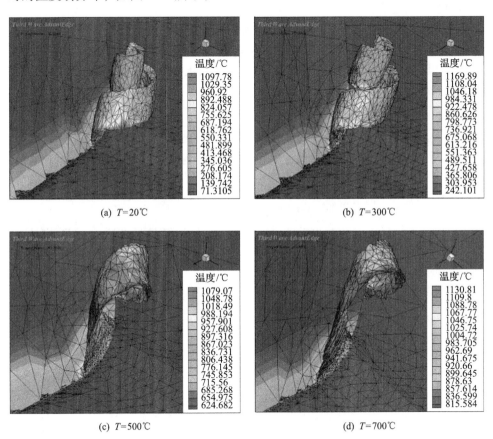

(a) $T=20℃$　　　　　　　　　　　　　　(b) $T=300℃$

(c) $T=500℃$　　　　　　　　　　　　　　(d) $T=700℃$

图 3-18　Inconel 718 合金不同预热温度下的温度场仿真分布

Inconel 718 合金加工表面最高温度出现在已加工表面与铣刀的接触区域。切削产生的热量与激光预热的热量相结合的最高温度不受激光预热温度的影响，最高温度约为 1250℃；激光预热温度影响切削过程的温度差，随着激光预热温度的提高，温度差逐渐减小，说明切削产生的热量呈下降趋势。由此表明，激光对工件预热可以减小切削变形和摩擦产生的热量，减少刀具磨损，提高刀具使用寿命。

当切削速度为 50m/min 时，常规铣削时切削温度大约为 750℃；随着激光预热温度的提高，最终相互作用的切削温度也提高，当激光预热温度为 700℃时，最终切削温度大约为 1075℃。当切削速度为 300m/min 时，在无激光预热条件下，切削温度约为 900℃；随着激光预热温度的提高，最终相互作用的切削温度也提高，当激光预热温度为 800℃时，最终切削温度大约为 1175℃。当切削速度达到 500m/min 或更高时，切削温度不会随预热温度的增加而升高，达到 1250℃左右后达到某一固定值。

综合以上分析，切削产生的热量随着切削速度的增大而增加，当切削速度超过 500m/min 时，切削产生的热量就不再增加。工件预热使得切削过程中的热量差减小，切削产生的热量也减小，刀具摩擦产生的热量较小，激光加热辅助切削工件可以使低速切削达到高速切削的状态，因此，刀具的磨损减小可提高刀具的加工寿命。

同一预热温度和不同切削速度下，激光预热过程中切削温度的变化趋势如图 3-19 所示。激光预热温度对低速铣削的温度影响较大，在切削速度为 50m/min

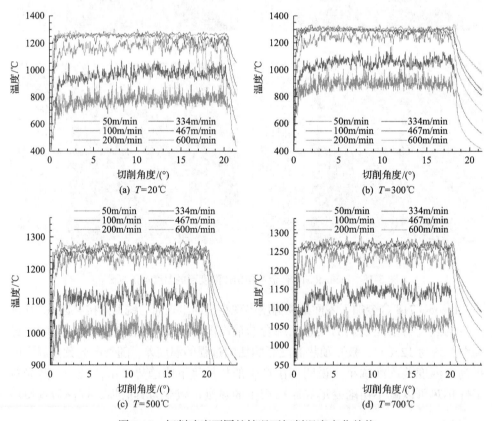

图 3-19　切削速度不同的情况下切削温度变化趋势

条件下，常温时铣削产生的切削温度为 750℃左右，当进行激光预热工件到达
500℃时，铣削产生的切削温度为 950℃，当进行激光预热工件到达 700℃时，
铣削过程中的切削温度为 1050℃。当切削速度超过 300m/min 后，工件的激光预
热温度对高速铣削过程中的切削温度影响逐渐降低，切削温度约在 1150～1250℃，
范围内。

2. 激光加热辅助高速铣削 Inconel 718 合金的切削力仿真分析

激光加热辅助铣削过程中，切削力直接影响刀具的磨损程度和使用寿命。不
同激光预热温度下的主切削力变化趋势如图 3-20 所示。在不同切削速度下，激光
预热温度对切削力的影响基本一致，常规铣削 v_c=50m/min 时，产生的切削力大约
为 750N；而当激光预热温度 T=100℃时，对切削力的影响较小，大约为 700N；
激光预热温度的升高对切削力的影响增大，当激光预热温度达到 500℃时，切削
力比常温（20℃）时减小了 300N，切削力大约为 450N；当激光预热温度达到 700℃
时，切削力比常温（20℃）时减小了 500N，切削力大约为 250N。激光加热辅助铣
削对切削过程中的切削力影响较大，随着预热温度的升高，切削力的减小作用更
为明显。

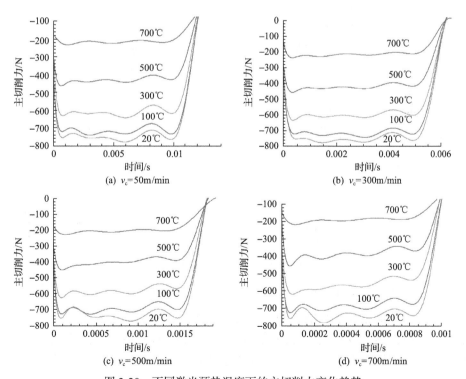

图 3-20　不同激光预热温度下的主切削力变化趋势

激光预热温度相同而切削速度不同的主切削力变化趋势如图 3-21 所示。当切削速度为 50m/min 时，常温(20℃)时产生的主切削力的振动较大，最大切削力为 1500N；随着切削速度的提高，切削力的变化幅度逐渐减小，当切削速度在 500m/min 以上时，切削力较为平稳；当激光预热温度为 700℃时，切削速度为 50m/min 时的切削力变化幅度较大，切削速度大于 300m/min 时，切削力逐渐平稳。因此随着预热温度的升高，铣削过程中产生平稳切削力所需的切削速度逐渐降低，产生的切削力也逐渐减小。

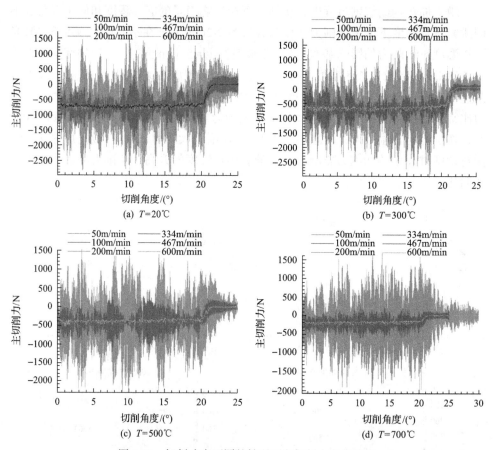

图 3-21　切削速度不同的情况下主切削力变化趋势

在不同的激光预热温度下，切削速度对切削力的影响也会有所差异。预热温度对低速铣削过程中切削力稳定性的影响较大，预热温度越低，切削力稳定性越高；而预热温度越高，低速铣削的切削力稳定性越好。高速铣削时预热温度对切削力的稳定性影响不大，高速铣削的切削力振动幅度很小，可以产生平稳切削力。

3. 激光加热辅助高速铣削 Inconel 718 合金的切屑形态仿真变化

激光预热温度对切屑形态也有明显的影响。切削速度为 300m/min 时，切屑随着激光预热温度变化的情况如图 3-22 所示。常温（20℃）时，切屑形态是螺距较小的螺卷屑，随着激光预热温度的升高，螺卷屑的螺距逐渐增大；T=500℃时，螺卷屑逐渐向带状切屑过渡，随着激光预热温度的升高，螺卷屑最终转变为带状切屑。

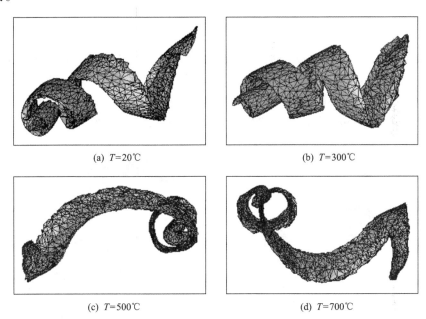

(a) T=20℃　　　　　　　　　　(b) T=300℃

(c) T=500℃　　　　　　　　　　(d) T=700℃

图 3-22　切屑形态随激光预热温度变化（v_c=300m/min）

在常温铣削条件下，切屑形态随切削速度的变化如图 3-23 所示。切削速度为 50m/min 时，切屑以螺距较小的螺卷屑形式出现，随着切削速度的增加，螺卷屑的螺距逐渐增大；当切削速度达到 700m/min 时，螺卷屑逐渐向带状切屑过渡，最终变为带状切屑。

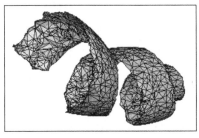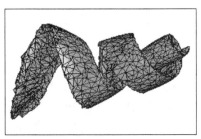

(a) v_c=50m/min　　　　　　　　　(b) v_c=300m/min

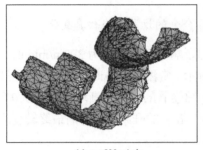 

(c) v_c=500m/min　　　　　　　　　　(d) v_c=700m/min

图 3-23　切屑形态随切削速度的变化(T=20℃)

　　激光预热温度达到 700℃时，切屑形态随切削速度的变化情况如图 3-24 所示。切削速度为 50m/min 时，切屑是螺距较大的螺卷屑，螺卷屑的螺距随着切削速度的增加而增大，切削速度对螺距增大的影响较小，螺距增大并不是很明显；当切削速度达到 700m/min 时，螺卷屑逐渐向带状切屑过渡，变成带状切屑。

(a) v_c=50m/min　　　　　　　　　　(b) v_c=300m/min

(c) v_c=500m/min　　　　　　　　　　(d) v_c=700m/min

图 3-24　切屑形态随切削速度的变化(T=700℃)

　　结果表明，激光预热温度为 700℃、切削速度 50m/min 时的切屑形态与常温铣削(20℃)时切削速度为 700m/min 时的切屑形态相似，则激光预热的低速铣削产生的切屑形态与常温、高速铣削的切屑形态一致。在低速铣削条件下，激光加热辅助铣削能使切屑形态达到常温下的高速铣削状态，即激光加热辅助铣削技术能使切削达到高速铣削状态，获得高速铣削加工优势。

3.2.3　陶瓷材料边缘碎裂仿真

刀具在陶瓷材料的加工过程中突然接触或者离开工件时，会在工件的边缘产生碎裂或剥落，这种损伤形式称为边缘碎裂。边缘碎裂有随机性大、不易控制等特点，会影响陶瓷元件的加工精度；此外，微裂纹扩展也会导致原件失效。加载应力、裂纹尺寸和断裂韧性是衡量边缘碎裂程度的三个关键因素。

边缘碎裂可分为入口边缘碎裂、出口边缘碎裂与内部边缘碎裂，如图 3-25 所示。入口边缘碎裂是刀具高速接触工件冲击形成的；出口边缘碎裂是切削力作用在缺少支撑的出口处形成的；内部边缘碎裂是受陶瓷材料脆性程度影响，加工过程中沿刀具轨迹分布的碎裂。

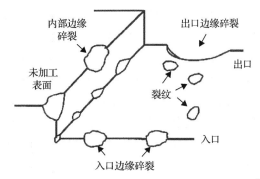

图 3-25　边缘碎裂类型示意图

1. 氮化硅陶瓷边缘碎裂分析

对于常温下的脆性材料，裂纹尺寸、加载应力和材料本身的断裂韧性是影响边缘损伤产生和扩展的三个主要因素。对陶瓷工件加载时，裂纹尺寸和加载应力直接决定了陶瓷工件的应力场强度，其具体作用取决于含裂纹工件的几何特征及承载方式，形式为

$$K_I = \psi \sigma \sqrt{c} \tag{3-46}$$

式中，K_I 为应力场强度因子（MPa·m$^{1/2}$）；ψ 为几何常数；c 为裂纹尺寸（m）。当应力场强度因子 K_I 大于材料自身的断裂韧性 K_{IC} 时，产生边缘碎裂。McCormick 与 Almond 通过建立单晶压头边缘碎裂模型，发现在不同的边缘距离下，产生边缘碎裂的临界载荷 P 与距离 h 之间存在线性关系，其斜率定义为边缘韧性，表达式为

$$T_e = \Delta P / \Delta h \tag{3-47}$$

式中，T_e 为边缘韧性（N/m）；ΔP 为产生边缘碎裂的临界载荷之差（Pa）；Δh 为压头中心与边缘的距离之差（m）。边缘韧性的值由材料自身性能决定，常温下的氮化硅陶瓷的边缘韧性与临界机械能释放率 G_C 及断裂韧性 K_C 呈单调线性关系：

$$K_C = \sqrt{2 G_C E'} \tag{3-48}$$

式中，K_C 为材料的断裂韧性；G_C 为材料的临界机械能释放率。结果表明，材料的边缘韧性与临界机械能释放率 G_C 呈单调的线性关系。边缘碎裂的程度可以用边缘碎裂的尺寸来描述，因此反映载荷应力的主切削力与反映断裂韧性的临界机械能释放率是影响边缘碎裂程度的两个主要因素。

2. 边缘碎裂仿真分析

有限元仿真方法是模拟工程材料损伤过程的有力工具。目前，应用此技术可以模拟脆性材料加载过程中裂纹产生、裂纹扩展和材料破坏的过程，全面理解导致材料损伤的因素在损伤过程中起到的作用，分析断裂的规律及避免裂纹产生的方法。近年来，裂纹扩展有限元数值模拟技术有了新的发展，主要源于扩展有限元法（extended finite element method，XFEM）的应用。扩展有限元法的基本思想是基于单元分解法，在有限元位移场近似插值表达中引入非连续位移，从而准确描述裂纹两侧非连续变形的模态。扩展有限元法与传统的有限元方法相比，其优点在于裂纹是独立于有限元网格的，因而无须随着裂纹的扩展不断进行网格重新剖分，避免了由此导致的额外计算量。XFEM 所使用的网格不依赖结构内部的几何界面或物理界面，它克服了在裂纹尖端等高应力和变形集中区进行高密度网格划分所产生的困难，这也使得在模拟裂纹生长时无须对网格重新进行剖分。

在 XFEM 中，经常引入赫维赛德（Heaviside）函数来表征裂纹导致的不连续位移场，Heaviside 函数定义为

$$H(x) = \begin{cases} 1, & (x - x^*) n > 0 \\ -1, & (x - x^*) n \leqslant 0 \end{cases} \tag{3-49}$$

式中，x 为计算样本点；x^* 为位于裂纹距离 x 的最近点；n 为单位外法线向量。

当计算点在裂纹上方时，$H(x)$ 值为正，当计算点在裂纹下方时，$H(x)$ 值为负。考虑含裂纹的二维有限元模型，XFEM 中单元的近似位移场可表示为

$$\begin{Bmatrix} u \\ v \end{Bmatrix} = \sum_{i \in S} N_i \begin{Bmatrix} u_i \\ v_i \end{Bmatrix} + \sum_{i \in S^{es}} N_i H(x) \begin{Bmatrix} a_i \\ b_i \end{Bmatrix} + \sum_{i \in S^{et}} N_i \varphi(x) \begin{Bmatrix} c_i \\ d_i \end{Bmatrix} \tag{3-50}$$

式中，S 为单元所有节点的集合；S^{et} 为包含裂纹尖端的单元所有节点集合；S^{es} 为

被裂纹完全贯穿的单元所有节点集合但不包括 S^{et} 中的节点；N_i 为标准有限元形函数；$\varphi(x)$ 为裂尖单元的位移改进函数，反映真实裂尖位移场的形态；u_i、v_i 为标准有限元的节点自由度；a_i、b_i、c_i、d_i 为改进节点自由度。

$\varphi(x)$ 可以通过线弹性断裂力学中裂尖渐近位移场提取得到，其表达式为

$$\varphi(x) = \left[\sqrt{r}\sin\frac{\theta}{2}, \sqrt{r}\cos\frac{\theta}{2}, \sqrt{r}\sin\theta\sin\frac{\theta}{2}, \sqrt{r}\sin\theta\cos\frac{\theta}{2} \right] \tag{3-51}$$

式中，(r, θ) 为以裂尖为原点的局部坐标系中的极坐标。

当刀具加工至材料边缘时，由于缺少支撑，边缘韧性超过自身的断裂韧性，裂纹开始产生，裂纹方向可由最大的拉应力准则确定，其表达式为

$$\theta = \begin{cases} 2\arctan\left\{ 0.25\left[K_I / K_{II} + \sqrt{(K_I / K_{II})^2 + 8} \right] \right\}, & K_{II} < 0 \\ 2\arctan\left\{ 0.25\left[K_I / K_{II} - \sqrt{(K_I / K_{II})^2 + 8} \right] \right\}, & K_{II} > 0 \end{cases} \tag{3-52}$$

采用临界机械能释放率准则判断裂纹扩展，裂纹扩展的充分必要条件为

$$G \geqslant G_C \tag{3-53}$$

式 (3-53) 中等号成立时所对应的状态为裂纹的平衡状态。氮化硅陶瓷材料在高温时 I 型裂纹的临界机械能释放率为 $80 \sim 140\text{MPa·m}$，温度对机械能释放率的影响很难精确地测量，在此假设基准温度时的临界机械能释放率 G_{IC} 为 110MPa·m。I 型与 II 型裂纹的断裂韧性比率 K_{IIC}/K_{IC} 与温度无关，其值恒定约为 1.42。根据式 (3-46) 与 G_{IC} 的值，G_{IIC} 的值可按式 (3-54) 计算：

$$G_{IIC} = G_{IC}\frac{K_{IIC}^2}{K_{IC}^2} = 220\,\text{MPa·m} \tag{3-54}$$

切削是材料破坏的过程，氮化硅陶瓷材料没有切削条件下高温的本构模型，并且陶瓷材料自身存在气孔、微裂纹等缺陷，不能模拟在什么位置发生边缘碎裂，因此需要根据试验结果来确定发生断裂的位置，从而模拟断裂的过程。采用二维平面应变单元建立边缘碎裂模型，取 $0.5\text{mm} \times 0.8\text{mm}$ 的局部区域，如图 3-26 所示。图中，切削深度为 a_p，断裂时残留在工件上的宽度为 W。刀具与工件接触简化为恒定压力，其值由主切削力与接触面积决定，在局部材料底边加载固定约束。

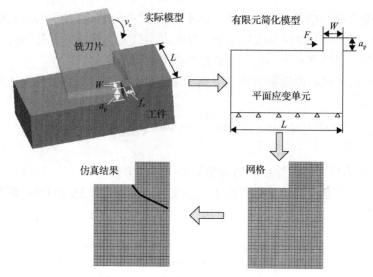

图 3-26　边缘碎裂模型建立示意图

以基准参数试验得到的裂纹宽度、切削力建立模型并加载初始边界条件，得到边缘碎裂裂纹的形成过程如图 3-27 所示。当局部应力超过强度极限时，裂纹产生，随着加载的进行，裂纹开始扩展。当裂纹扩展到工件侧面时，断裂部分与工件基体脱离，出现了边缘碎裂现象。切削是一个高应变、高应力的加载过程，切削力作用导致材料破坏，因此不能通过加载应力的变化研究切削力对边缘碎裂的影响。根据前述分析可知，产生边缘碎裂的临界载荷与边缘碎裂顶面宽度之间呈线性关系，切削力越大顶面宽度越大，因此采用不同顶面宽度建立模型，加载后得到结果如图 3-28(a)所示。随着顶面宽度的增加，边缘碎裂侧面长度增大，说明切削力越大，边缘碎裂长度越大。因为材料的边缘韧性与机械能释放率成正比，

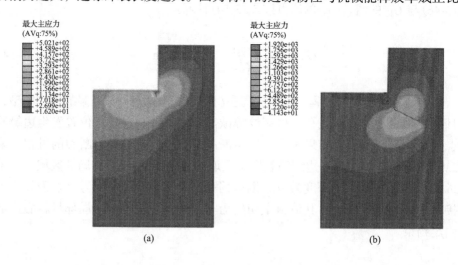

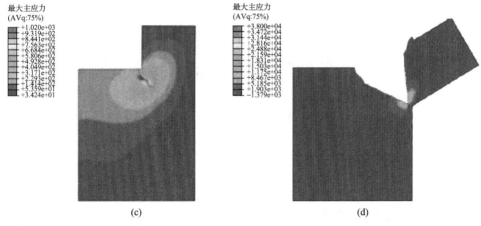

图 3-27 边缘碎裂裂纹的形成过程

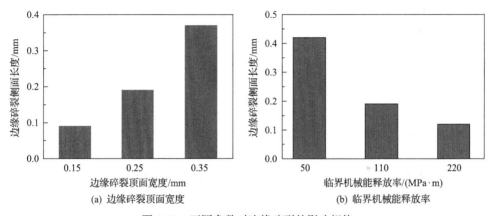

(a) 边缘碎裂顶面宽度

(b) 临界机械能释放率

图 3-28 不同参数对边缘碎裂的影响规律

相同加载条件下采用不同机械能释放率得到的边缘碎裂侧面长度如图 3-28(b)所示。随着机械能释放率增大，边缘碎裂侧面长度越小，同时证明边缘碎裂长度随断裂韧性的增加而减小。模拟结果可以验证形成边缘碎裂的软化机理及韧性机理。

　　根据以上试验结果和陶瓷材料本身的特点可以发现，产生边缘碎裂的随机性很强，在相同的加工条件下，其碎裂侧面长度不同，很难得到准确的量化关系。理论分析、试验结果与仿真分析结果相吻合，证明了激光加热辅助铣削中软化机理及韧性机理对边缘碎裂的影响规律，有两种方法可以减小加工过程中产生的边缘碎裂：增加工件的边缘韧性或者降低导致边缘碎裂的切削力。由此可见，采用激光加热辅助切削的方式将材料温度提高至 1200～1350℃，可以有效地降低切削力，提高边缘韧性，从而降低加工过程中的边缘碎裂，提高加工质量。

第4章 激光加热辅助切削过程测试及分析

4.1 温度测量与激光吸收率的测定

4.1.1 工件表面温度测量

对激光加热辅助切削而言，工件的预热温度是一个非常重要的参数，它决定材料性能的变化程度，而在加工中如何测量工件的加工温度是加热辅助切削工艺的关键之一。工件表面温度的测量主要采用两种方式：接触式测温与非接触式测温。车削过程中，工件绕主轴旋转，测量装置与工件不能接触，因此车削过程中多采用非接触式测量方法。铣削过程中的温度测量可采用接触式与非接触式测量方法。

1. 接触式测温

接触式测温方法使用温度敏感元件直接和被测对象接触，被测对象通过热传导将温度传递到感温元件上，当被测温度与感温元件达到热平衡时，温度敏感元件与被测物体的温度相等。温度敏感元件的温度与被测对象的温度不同，因此有一定的响应时间。温度敏感元件分为热电偶和热电阻两大类。热电偶是把两种不同材料的金属焊接在一起，当参考端和测量端有温差时，就会产生热电势，根据该热电势与温度的单值关系就可以测量出温度。热电偶具有结构简单，响应速度快，适宜远距离测量等特点，应用广泛。

在铣削温度与吸收率测量中采用标准 K 型热电偶测温。K 型热电偶的测温范围为 0~1300℃，长期使用温度为 1000℃。热电偶采集的温度信号为电压信号，由于测量电压信号很弱，且易受干扰，需要通过电压放大电路，再使用采集卡直接采集，测温信号采集系统原理图如图 4-1 所示。最后 K 型热电偶分度表将电压与温度对应，获得测量的温度值。

2. 非接触式测温

非接触式测温主要采用辐射测温方法，通过热辐射原理测量温度时，测温元件不需要与被测介质接触，不会影响被测物体的温度场，并且反应速度也比较快，但可能受到周围环境、烟尘等外界因素的影响。在自然界中，当物体的温度高于热力学零度时，由于内部热运动的存在，就会不断地向四周辐射电磁波，红外测温

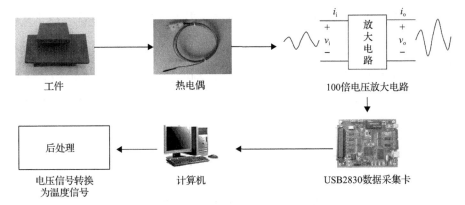

图 4-1　测温信号采集系统原理图

仪就是利用此原理制作而成的。在特定的背景下，被测物体辐射的能量通过大气媒介传输到红外测温仪上时，其内部的光学系统将目标辐射的能量汇聚到探测器（传感器），并转换为电信号，再通过放大电路、补偿电路及线性处理后，在显示终端显示被测物体的温度。在给定的温度和波长下，物体发射的辐射能有一个最大值，这种物质称为黑体，并设定它的反射系数为 1，其他物质的反射系数小于 1，称为灰体。黑体的辐射出射度 $P_b(\lambda T)$ 与热力学温度之间满足普朗克定理：

$$P_b(\lambda T) = \frac{C_1 \lambda^{-5}}{\exp[C_2 / (\lambda T)] - 1} \tag{4-1}$$

式中，P_b 为黑体的辐射出射度（W/(m²·μm)）；T 为热力学温度（K）；C_1 为普朗克第一常数，$C_1 = 3.743 \times 10^8 \mathrm{W \cdot \mu m^4/m}$；$\lambda$ 为波长（μm）；C_2 为普朗克第二常数，$C_2 = 1.439 \times 10^4 \mathrm{\mu m \cdot K}$。黑体辐射出射度分布曲线如图 4-2 所示。

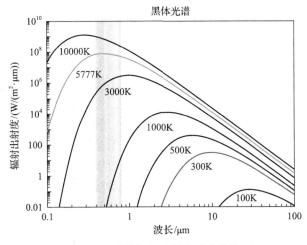

图 4-2　黑体辐射出射度分布曲线

根据斯特藩-玻尔兹曼定理，黑体的辐射出射度与温度 T 的 4 次方成正比，即

$$P_b(T) = \sigma T^4 \tag{4-2}$$

物体辐射的功率总是小于黑体的功率，即物体的单色辐射出射度 $P(T)$ 小于黑体的单色辐射出射度 $P_b(T)$，将它们之比称为物体的单色黑度 $\varepsilon(\lambda)$，即实际物体接近黑体的程度：

$$\varepsilon(\lambda) = \frac{P(T)}{P_b(T)} \tag{4-3}$$

式中，$P(T)$ 为物体的单色辐射出射度。当 λT 乘积较小时，普朗克公式可由维恩公式代替。维恩公式的表达式为

$$P(T) = \varepsilon(\lambda)C_1\ \lambda^{-5}\exp\left(-\frac{C_2}{\lambda T}\right) \tag{4-4}$$

通过此式得到测得的目标亮温与真实温度之间的关系为

$$\frac{1}{T} - \frac{1}{T'} = \frac{\lambda}{C_2}\ln\varepsilon \tag{4-5}$$

式中，T' 为目标亮温（K）。

测温系统使用之前需用黑体炉进行标定。使用时将红外测温系统固定在支架上，测量镜头通过指示光检测至目标区域，测量得到的温度为测量区域的平均温度。测温头输出为电压值，通过数据采集卡采集并通过对应关系转换为温度值。测温系统得到的结果为亮温，再通过式(4-5)计算得到真实温度值。在加热过程中通过加工系统软件以曲线方式实时显示温度值，最终将得到的温度值存储为文本文件，以进行后续分析。

4.1.2　激光吸收率的测定

当激光加热工件时，激光照射到工件表面上的激光能量部分被材料吸收，另一部分则被反射。激光器输出的能量可以控制，而工件所吸收的能量引起温度上升，因此获得工件对材料的吸收率有助于选择合适的工艺参数。

现有的吸收率测量方法主要有三类：①对于非透明材料，采用功率计或积分球法等测量反射率，再用 1 减去反射率得到吸收率；②根据激光作用区材料状态变化间接反映材料吸收的情况，这种方法通常对材料的吸收进行定性研究；③通过测量材料的温度变化以及热力学计算，如集总参数法、有限元法等，得到材料的吸收率。激光波长、偏振特性、入射角、工件表面质量、入射区温度等因素影响激光吸收，使同一材料在不同状态下有明显的差别。在加热辅助切削过程中，

由于入射区域温度很高,可能对表面产生烧伤,形成漫反射,采用测量反射光能量的方法误差很大,只有将工件处于高温状态时测量的吸收率才能反映加热辅助切削过程中的能量吸收。

本书采用温度测量并结合有限元仿真的方法得到材料的吸收率。通过有限元仿真得到激光功率为 100W、吸收率为 1、激光加热 25s 后温度场分布,如图 4-3 所示。激光光斑中心温度随时间变化曲线如图 4-4 所示,激光入射后温度升高很快,达到一定值后,温度升高速度变慢,此时工件表面吸收的热量向工件内部传导,使激光光斑周围区域温度升高。在激光加热辅助切削过程中,激光光斑中心处的温度与测量吸收率时中心温度相近。两者温度相近,对工件表面的作用基本相同,所以通过测量高温状态下激光对工件的加热量来推算出吸收率,可以更准确地反映激光对工件的加热程度,使温度预测模型更加精确。采用这种方法测量吸收率时,不需要考虑激光对表面加热所带来的影响,能够反映高温条件下工件吸收激光的情况。

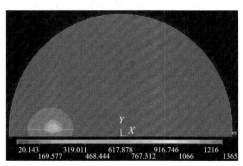 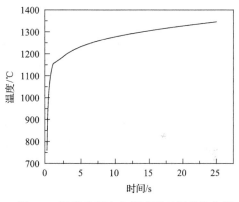

图 4-3　激光加热 25s 后温度场分布(单位:℃)　　图 4-4　激光光斑中心温度随时间变化曲线

试验工件为氮化硅圆柱板,直径为 100mm,长为 8mm,激光光斑直径为 4mm,试验装置示意图如图 4-5(a)所示。用 YAG 脉冲激光在圆柱板上表面打出直径 1mm、深 1mm 的小孔,将 K 型标准热电偶埋入并通过导热绝缘高温胶固定。工件放在石棉隔热板上,其他表面与空气接触,热电偶的位置保持不变,改变激光功率,调整激光光斑与测温点的相对位置,采用数据采集卡记录不同位置时热电偶电压随时间的变化,并通过电压-温度对照表将其转化为温度值,得到温度随时间的变化过程。因为激光器系统通过改变电源输出电流来改变激光功率,配置的功率计通过标定的功率值得到实时的激光功率。但在激光传输过程中,由于透镜与光纤的损耗,激光系统显示值与实际激光功率有一定误差,对吸收率的计算影响较大,因此每次试验前在光纤输出位置测量激光功率。采用 fieldmate 功率计测量激光输出功率,其测量精度为 1%。

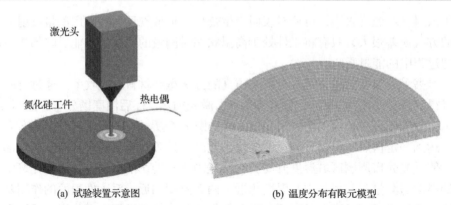

(a) 试验装置示意图　　　　　　　　　　(b) 温度分布有限元模型

图 4-5　氮化硅吸收率测定试验装置示意图及温度分布有限元模型

　　将模型简化为高斯热源照射在工件表面的瞬态热传导过程，建立高斯热源下工件温度分布有限元模型，如图 4-5(b) 所示。因为工件与热源沿截面对称，所以采用 1/2 模型，功率密度分布如式 (2-1) 所示。工件底面为绝热边界，其他表面受自然对流与热辐射的影响，激光热流密度加载位置与试验激光光斑位置相同，模拟检测点温度为直径 1mm、深 1mm 圆柱范围内节点温度的平均值。将模拟值与测温时间历程进行比较，修正吸收率直至两者吻合。选取不同距离的激光光斑中心、不同长度位置试验，得到相同激光功率入射时的吸收率，取其平均值即为氮化硅陶瓷的激光吸收率。

　　当激光功率为 100W，测量点与加热点距离 d 分别为 4mm、7mm 与 10mm 时，试验测量温度与仿真预测温度随时间的变化曲线如图 4-6 所示。试验测量温度随时间的变化规律与温度预测值基本吻合，表明模拟的材料热物理参数能够真实反映工件的实际热性能。当预测温度曲线与实际温度变化曲线最接近时，吸收率为此时仿真所采用的吸收率。选取不同距离的激光功率进行试验，得到的吸收率如表 4-1 所示。取其平均值 0.88 作为该激光系统加热氮化硅陶瓷材料的吸收率，进行以下模拟计算。

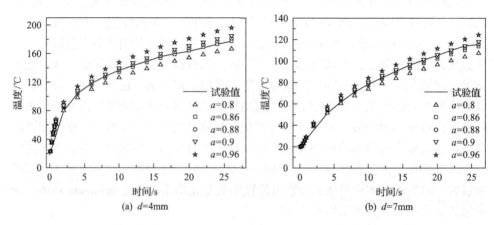

(a) $d=4$mm　　　　　　　　　　　　　(b) $d=7$mm

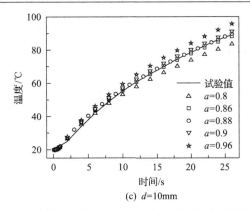

(c) d=10mm

图 4-6 测量点不同位置试验测量温度与仿真预测温度随时间的变化曲线

表 4-1 不同试验参数计算得到的吸收率

激光功率/W	d/mm		
	4	7	10
80	0.88	0.87	0.9
100	0.87	0.89	0.88
120	0.9	0.88	0.89
150	0.88	0.85	0.88

加热温度不仅与激光功率有关，而且与材料的吸收率密切相关。如果材料的吸收率大，要达到更高的温度，可以采用小的激光功率，反之则需采用大激光功率。激光功率的选择直接跟吸收率有关。吸收率的影响因素有很多，主要有波长、表面粗糙度、照射角度等。由于激光入射区域的温度很高，可能烧伤工件的表面，导致工件表面质量下降，从而会对入射区产生漫反射，造成测量误差偏大。

根据这个原理，可以获得高温合金材料对激光的吸收率。采用热电偶对测温点进行测试，首先用热电偶标定工件，热电偶距激光光斑中心分别为 9mm 和 13mm，然后用不同的激光功率照射工件，得到两个测温点的温度值随时间的变化规律，如图 4-7 所示。采用 ANSYS 建立激光加热温度场有限元模型，模型中的边界条件及温度输出按照实际工件尺寸、工件热物理参数、激光入射位置、工件表面激光光斑直径及热电偶测温位置得出，模拟了不同的激光功率下热电偶测温点温度-时间图像。对比试验结果与模拟结果，不断调整仿真模型中设定的吸收率（起始吸收率设定为 1），直至两者图像重合，图像重合时的仿真吸收率即高温合金 GH4698 对激光的吸收率。通过加权平均，得到高温合金对激光的吸收率。

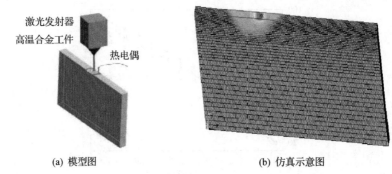

| (a) 模型图 | (b) 仿真示意图 |

图 4-7　吸收率标定装置示意图

GH4698 高温合金的工件尺寸为 70mm×5mm×50mm，激光光斑尺寸为 5mm×3mm，吸收率标定试验装置如图 4-8 所示，将标准热电偶利用正负极放电的方式固定在待测表面上，工件放置在隔热材料上，得到的试验和仿真结果如图 4-9 所示，由于试验过程中热电偶的响应速度比红外测温仪慢，试验值比仿真值稍大。

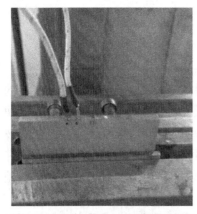

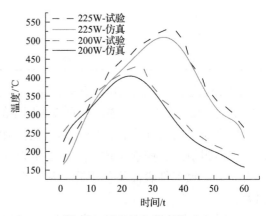

图 4-8　吸收率标定试验装置示意图　　　　图 4-9　试验值与仿真值对比

选取六个激光功率进行吸收率的标定试验，最后计算出来的吸收率如表 4-2 所示。文献研究表明，激光吸收率受温度变化的影响较小，将不同能量测得的吸收率求平均值，取高温合金的吸收率为 0.4。

表 4-2　不同参数得到的吸收率

激光功率/W	100	125	150	180	200	225
吸收率	0.37	0.39	0.43	0.42	0.38	0.41
平均值			0.4			

4.2   激光加热温度测量及试验分析

4.2.1   激光加热辅助车削氮化硅陶瓷温度场仿真与试验分析

在激光加热辅助车削过程中，切削区与激光光斑中心温度是影响加工结果的重要参数，但无法通过试验检测，因此仿真预测是获得这两个温度的有效途径。通过试验可以验证模型的有效性，修正模型并研究加工参数对温度分布的影响规律。在加工过程中由切削产生的热量比激光作用产生的热量小，为排除加工过程中工件尺寸和加工误差引起的切削产生的热量偏差，不考虑加工过程中的热量，仅计算激光加热旋转工件的温度场分布。

试验中采用夹具将工件固定在机床上，并根据激光光斑直径参数及入射角度调整激光头位置。测温装置的检测范围为 4mm×2mm，由于激光波长与测温系统工作波长相近，为减小激光入射对测温系统的影响，激光入射中心远离测温区域。试验过程中温度测试区域相对工件的位置如图 4-10 所示。试验时主轴首先开始转动，光闸开启后，激光头沿工件轴向以一定速度移动，同时温度测量系统开始测量温度。

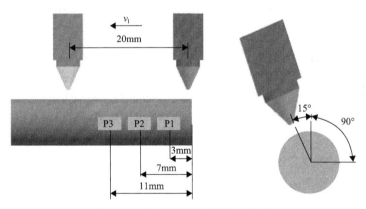

图 4-10   激光加热试验测温点位置

影响温度分布的参数包括激光功率 P_1、激光光斑直径 D_1、激光移动速度 v_1、工件转速 n 与激光预热时间 t_p，工件直径为 10mm，长为 40mm，激光加热试验与仿真工艺参数如表 4-3 所示。采用标准工艺参数仿真，激光移动 20mm 后工件的温度场分布如图 4-11 所示。激光光斑中心区域的温度最高，随着工件的旋转，热量向工件内部及轴向传递，工件整体温度升高。因为激光只在工件表面加热，工件的旋转导致激光在材料表面作用时间很短，所以只在工件表面产生很高的温度。加热的材料随后被刀具去除，工件内部材料温度较低，不会受到激光入射的影响。

表 4-3　激光加热试验与仿真工艺参数

工艺参数	P_l/W	n/(r/min)	v_l/(mm/min)	D_l/mm	t_p/s
基准参数	200(1)	630	31.5	3	0
	150(2)	400(5)	12.6(7)	2(9)	7(11)
变化参数	180(3)	800(6)	50.4(8)	4(10)	—
	220(4)	—	—	—	—

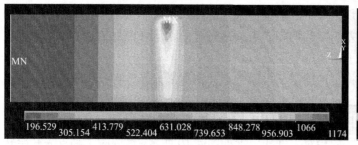 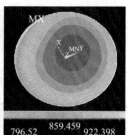

图 4-11　采用标准工艺参数加热温度场分布

根据测温试验结果，修正模型的边界条件，并用修正后的模型计算得到基准工艺参数时三个不同检测位置的试验与预测温度随时间的变化曲线，如图 4-12 所示。由于轴向热传导的作用，测温点温度随激光接近而升高，当激光光斑中心穿过测温区域中心径向的截面时，温度达到最高，随着激光光斑远离测温点，热量向工件内部传导并在工件旋转对流的作用下温度逐渐下降。在热量累积的作用下，测温点的最高温度随轴向位置增加而升高。不同激光功率作用下，P2 测温点温度随时间的变化如图 4-13 所示，测温点温度与激光功率成正比，随激光功率的增加而升高。激光轴向移动速度对 P2 测温点温度的影响规律如图 4-14 所示，移动速度的增加降低了单位长度工件吸收的热量，工件表面温度降低。不同工艺参数时激光光斑中心处轴向 r-φ 截面不同角度对应的温度分布如图 4-15 所示，激光光斑中心的温度随工件转速降低与激光光斑直径的减小而升高。在远离激光光斑中心的区域，工件转速对表面温度影响很小，因此选取不同工件转速时温度基本不变。在激光光斑中心截面处，温度随直径的减小而升高，但由于测温区域面积较大，激光光斑直径对测量温度的变化影响相对较小。

在激光加热的初始阶段切削区温度较低，无法达到氮化硅工件的软化温度。将工件在加工之前预先加热可以有效地提高加工初始阶段切削区的温度，从而降低刀具磨损，避免刀具出现破损。激光功率、光斑直径与工件转速等工艺参数对预热阶段温度场分布也有影响。不同激光功率时 P1 位置试验与仿真的温度随时间的变化如图 4-16(a) 所示，测量区域温度随激光功率的增加而升高。激光光斑直

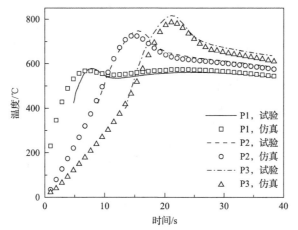

图 4-12　不同测温点温度随时间变化曲线

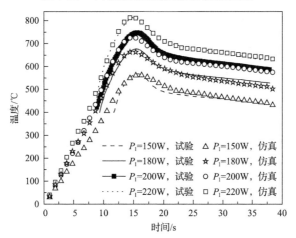

图 4-13　P2 测温点温度随时间变化曲线

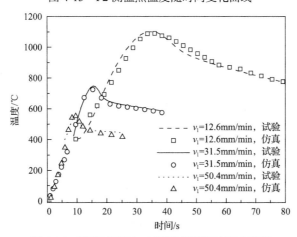

图 4-14　移动速度对 P2 测温点温度的影响规律

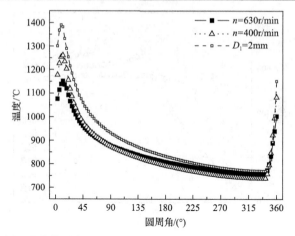

图 4-15　不同工艺参数时激光光斑中心处轴向 r-φ 截面不同角度对应的温度分布

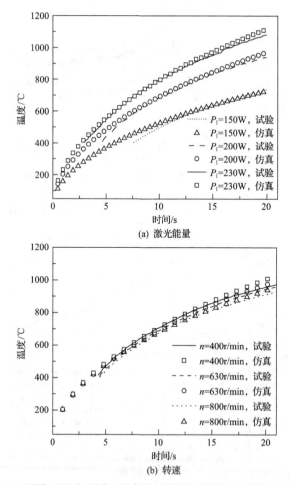

(a) 激光能量

(b) 转速

图 4-16　预热过程中不同工艺参数时测量与预测温度随时间的变化

径与工件转速对温度的影响很小,不同转速下 P1 位置处试验与仿真的温度随时间的变化如图 4-16(b)所示,工件单位面积上激光作用时间随转速增加而缩短,激光照射位置的温度降低,测温点处温度略有减小。

预热过程中,吸收的热量通过轴向和径向传递到工件上,工件与切削区温度随之升高。预热 7s 后,各位置预测与测量温度随时间的变化如图 4-17 所示,与未预热加热过程的曲线相比,各位置的温度均有明显升高,特别是在距离工件边缘最近的 P1 点,温度上升幅度较大,说明了预热对激光加热辅助切削加工的重要性。

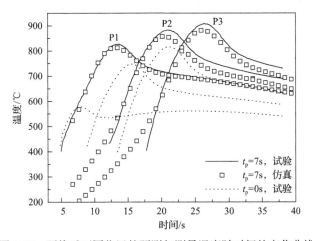

图 4-17　预热后不同位置的预测与测量温度随时间的变化曲线

试验结果表明,激光加热辅助切削温度场模型能较好地预测加工过程中的温度分布,利用该模型可对激光加热辅助切削过程中无法测量的光斑中心点及加工区域的温度进行预测,从而优化加工工艺参数。

4.2.2　激光加热辅助铣削氮化硅陶瓷温度场仿真与试验分析

影响测量区域温度的参数主要是激光功率 P_1、激光光斑直径 D_1、激光移动速度 v_1 与预热时间 t_p。因为测温装置的测量范围有限,所以采用较低的激光功率来验证模型的准确性,试验与仿真工艺参数如表 4-4 所示。

表 4-4　激光加热辅助铣削试验与仿真工艺参数

工艺参数	P_1/W	v_1/(mm/min)	D_1/mm	t_p/s
基准参数	70(1)	18	4	60
变化参数	60(2)	12(5)	3(7)	40(8)
	80(3)	24(6)	—	80(9)
	90(4)	—	—	—

工件长为 15mm、宽为 4mm、高为 17mm，试验时用隔热夹具将工件固定在铣床工作台上。测温装置固定在工作台前，其检测范围为 4mm×2mm，试验过程中温度测试区域相对工件的位置如图 4-18 所示。测温区中心在激光光斑的正下方，距离顶面 2mm，测温过程中激光束与测温装置保持位置不变，工件随工作台以速度 v_f 移动。根据工件的实际尺寸将工件离散为有限元模型，如图 4-19 所示。x 与 y 向单元尺寸为进给量的 10 倍，在切削深度的范围内 z 向单元的尺寸为 0.2mm，距离加热区域较远的位置采用较粗的网格。基于工件的对称性及热边界条件，建立 1/2 温度场模型，有限元网格如图 4-20 所示。

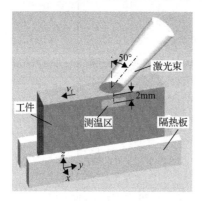

图 4-18　温度测试区域相对工件的位置

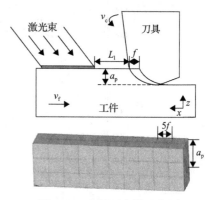

图 4-19　有限元离散示意图

施加的热边界条件包括激光倾斜入射的热流密度、工件与外界接触表面的对流与热辐射、工件与隔热夹具接触的部分假设为绝热边界。用表 4-4 所示的工艺参数进行试验与仿真计算，仿真温度值为测量区域对应位置的节点温度平均值。采用基准参数仿真得到的温度场分布如图 4-21 所示，由于工件尺寸较小，整体温度很高，激光光斑区域温度最高。温度测定区的测量与仿真温度在不同参数下随时间的变化规律如图 4-22 所示。因为测温装置测温区域较大，在进入

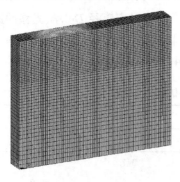

图 4-20　激光加热辅助铣削氮化硅陶瓷有限元网格

| 694.884 | 808.313 | 921.741 | 1035 | 1149 |
| 751.598 | 865.022 | 978.455 | 1092 | 1205 |

图 4-21　基准参数仿真得到的温度场分布(单位：℃)

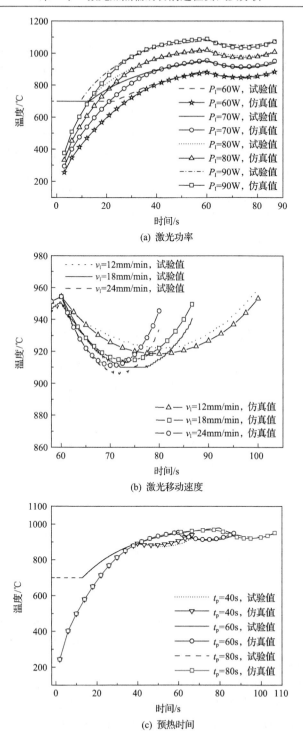

(a) 激光功率

(b) 激光移动速度

(c) 预热时间

图 4-22　不同工艺参数时测量区域试验测量温度与仿真温度值随时间的变化规律

测温范围时测量温度与仿真温度偏差很大。在加热过程中，测温点的温度趋于稳定，能够反映测温区域的平均温度，此时测量温度与仿真温度相差较小。由于模型中将隔热夹具考虑为绝热边界，但仍有一部分热量传递到夹具中，仿真结果略高于试验值。

激光功率是影响测量温度的主要参数，其值越大，温度越高，如图 4-22(a)所示。采用的激光移动速度对温度变化影响较小，随着移动速度降低，温度略有提高，如图 4-22(b)所示。其原因是预热时间较长，吸收的激光能量向工件内部传导，导致工件整体达到较高的温度，温度分布达到相对稳定的状态，因此移动速度对测量区域温度影响较小。预热的作用是提高切削区初始加工阶段的温度，随着预热时间延长，测温区域初始温度升高，但由于工件通过热辐射及对流向外界传递热量，并且热辐射随工件温度升高而增加，导致测温区域温度上升幅度逐渐减缓，并趋于稳定。当预热温度达到一定值后，即使增加预热时间，也不能提高初始温度。因为选择的激光光斑直径入射区域在测温区域的范围内，所以不同激光光斑直径对温度的影响较小。

4.2.3　激光加热辅助铣削 K24 高温合金温度场仿真与试验分析

激光功率 P_1、移动速度 v_1 和光斑直径 D_1 是影响材料去除区域温度的主要参数，为验证仿真模型的准确性，试验采用表 4-5 所示的工艺参数。

表 4-5　测温工艺参数

工艺参数	P_1/W	v_1/(mm/min)	D_1/mm
基准参数	170(1)	28.92	4
变化参数	90(2)	21.24(4)	3(7)
	130(3)	42.48(5)	—
	—	64.80(6)	—

工件尺寸为 40mm×5mm×55mm，激光入射角为 45°，激光加热辅助铣削加工过程中通过隔热夹具将工件固定在铣床工作台上。热电偶焊接在工件上，热电偶在工件上的焊接位置如图 4-23 所示，因工件及边界条件均对称，根据实际工件及加载情况建立 1/2 温度场有限元模型，如图 4-24 所示。采用表 4-5 所示的工艺参数进行模拟及试验，得到仿真及试验温度结果。基准参数仿真计算得到的激光加热辅助铣削温度场分布如图 4-25 所示。由于高温合金的导热系数较小，工件吸收的热量不易向周围扩散，导致激光光斑位置温度高，温度梯度大。不同参数下温度场测温结果与仿真计算结果随时间的变化规律如图 4-26～图 4-28 所示。由于获得热电偶的电压信号有一定的延迟，温度值有一定滞后。因模型边界为绝热边界，但试验中仍然有少量的热量传递进入隔热夹具，导致仿真温度略高于试验温度。

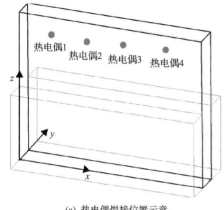

(a) 热电偶焊接位置示意

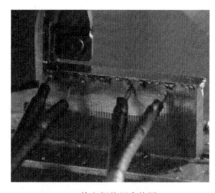

(b) 热电偶位置实物图

图 4-23　测温试验中热电偶焊接位置

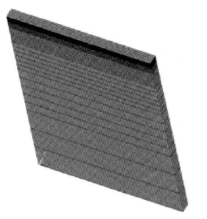

图 4-24　1/2 温度场有限元模型

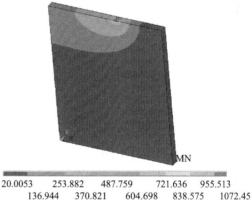

```
20.0053    253.882    487.759    721.636    955.513
       136.944    370.821    604.698    838.575    1072.45
```

图 4-25　基准参数仿真计算得到的温度场
　　　　分布结果(单位：℃)

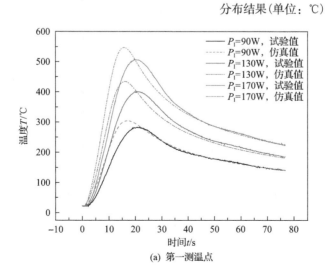

(a) 第一测温点

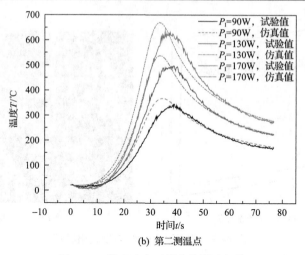

(b) 第二测温点

图 4-26　激光功率对温度的影响规律

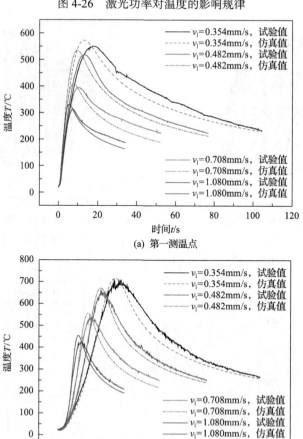

(a) 第一测温点

(b) 第二测温点

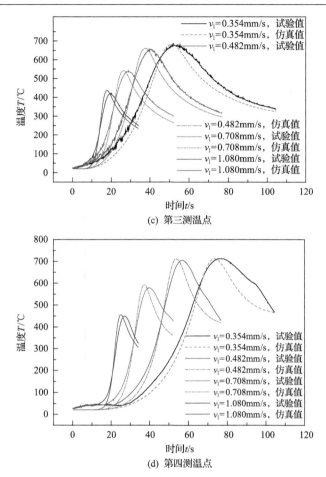

(c) 第三测温点

(d) 第四测温点

图 4-27　激光移动速度对温度的影响规律

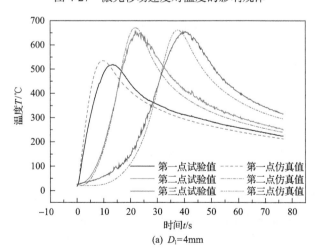

(a) D_1=4mm

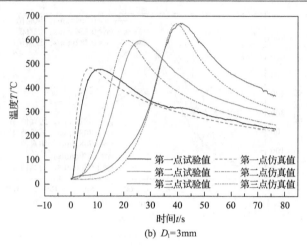

(b) $D_1 = 3\text{mm}$

图 4-28　激光光斑直径对温度的影响规律

结果表明，仿真温度与试验温度误差小于 10%，与实测结果吻合较好。由于热电偶、放大电路等都有一定的响应时间，使温度曲线比模拟曲线稍微延迟。移动速度越快，单位时间内传入工件的能量越少，监测点温度越低。光斑直径仅影响光斑内的能量密度分布，因此对检测点的温度影响很小，而对激光加热点的温度影响较大。

4.2.4　矩形光斑加热 Inconel 718 合金温度场模型

因为高斯光斑能量分布不均匀，中心点的能量密度较大。激光加热辅助铣削过程中，激光移动速度较慢，激光功率密度高，导致工件表面烧蚀严重。因此，选用能量平均分布的矩形光斑有利于在提供足够能量的前提下，降低激光光斑区域的最高温度，降低表面烧蚀对工件加工质量的影响。另外，切屑在加工过程中可能会落在激光光斑区域，从而影响激光的入射和红外测温。因此，在激光光斑处加一个喷嘴，可防止切屑落到光斑范围内。

采用改进后的系统激光功率近似为均匀分布，激光作用区域为矩形，激光功率密度为

$$I = \frac{\alpha P_1}{r_a r_b} \tag{4-6}$$

式中，α 为激光吸收率；P_1 为激光功率（W）；r_a 为激光光斑长度；r_b 为激光光斑宽度。

喷嘴作用位置为强对流作用区间，喷嘴直径为 2mm，喷嘴距离工件激光光斑中心为 20mm，其对流系数由雷诺数、努塞尔数近似得到，约为 1500，再通过温度场有限元模型与试验结果对比对对流系数进行修正，进而得到最终的模型。激光加热辅助铣削模型边界条件如图 4-29 所示。

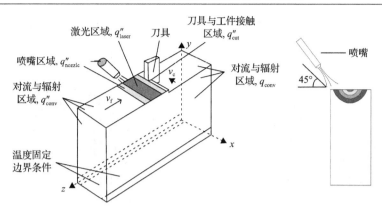

图 4-29　激光加热辅助铣削模型边界条件

　　某一时刻的高斯激光光斑仿真结果如图 4-30 所示。在激光直接照射的地方温度最高，在光斑的中心点处温度值最大，而且在短时间内达到很高的温度，但在高斯光斑扫描过后，温度急速下降。温度在材料横截面上的呈层状分布，类似于月牙的形状。温度也是在中心点位置最大，远离中心点处逐渐减小，在光斑扫描后急速下降。

20.0541	157.565	295.076	432.587	570.097
00.9095	226.32	363.034	501.342	630.053

图 4-30　激光光斑温度场分布(单位：℃)

　　图 4-31 为当激光扫描时间为 0.5s、2.5s 时温度场的分布图，不同时刻温度场的分布具有相同的分布规律和轮廓特征，温度数值由中心向四周以高斯函数的规律逐渐减小，并且温度场在已扫描和未扫描的区域是非对称分布的，但相对激光斑进给方向的中心线呈对称分布，温度在热源中心点达到最大值。

　　工件表面激光光斑中心点移动路径上某一点的温度-时间曲线图如图 4-32 所示。在激光扫描到该点之前，工件材料发生热传导作用，使工件材料上的未扫描区域产生预热效应，因此图中所示点的温度升高。但当激光光斑扫描到该点时，温度在很短的时间内陡然上升至最大值。在激光光斑扫描过该点并渐渐远离的过程中，由于热传导工件冷却散热，以及工件表面与空气的对流和热辐射，温度开始快速下降。以上现象充分说明了激光加热温度上升下降变化迅速的特点。

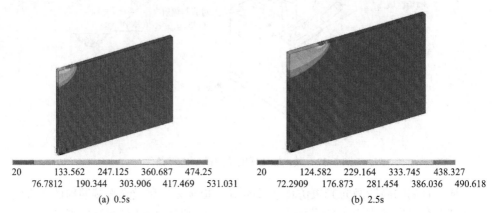

20　　　133.562　　247.125　　360.687　　474.25	20　　　124.582　　229.164　　333.745　　438.327
76.7812　　190.344　　303.906　　417.469　531.031	72.2909　　176.873　　281.454　　386.036　490.618
(a) 0.5s	(b) 2.5s

图 4-31　当激光扫描时间为 0.5s、2.5s 时温度场的分布(单位：℃)

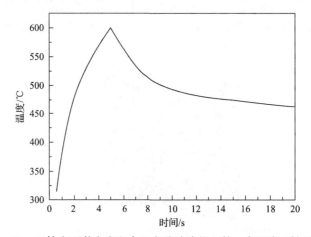

图 4-32　工件表面激光光斑中心点移动路径上某一点温度-时间曲线

　　激光加热得到的温度场结果(激光功率 250W，激光移动速度 0.4mm/s，激光移动长度 25mm)如图 4-33 所示。工件表面被激光加热后温度迅速升高，热量向工件内部传递，激光加热后的局部区域温度下降，工件整体温度上升。由于激光作用区域功率密度很高，并且高温合金 Inconel 718 的导热系数较低，能量不易向工件内部传递，导致激光光斑加热点的温度与温度梯度很高。当距离激光光斑中心较远时，温度会逐渐降低。工艺参数对测量温度的影响规律如图 4-34 所示。

　　预热是提高工件初始温度的有效方法，刀具加工前可使待加工区域达到材料软化温度，从而降低刀具初始阶段的冲击，减少刀具的磨损。检测点温度在预热过程中升高很快，预热结束后温度趋于稳定，之后达到一个稳定状态，激光加热产生的热量与向外界对流和辐射的热量达到准稳态，温度基本不变。在激光加热工艺参数中，激光功率对工件温度的影响最大，切削区预热温度随激光功率增加而增大，同时引起大的温度梯度。激光移动速度影响单位时间内进入工件的热量，检测点温度随激光功率的增加而降低。试验结果表明，模型预测的温度与试验检测温度基本相符，表明此模型可以有效地预测激光扫描加热的温度场，可为工艺参数优化提供有效理论依据。

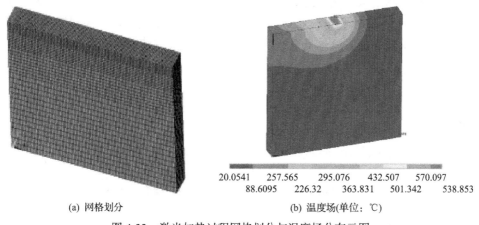

(a) 网格划分　　　　　　　　(b) 温度场(单位：℃)

图 4-33　激光加热过程网格划分与温度场分布云图

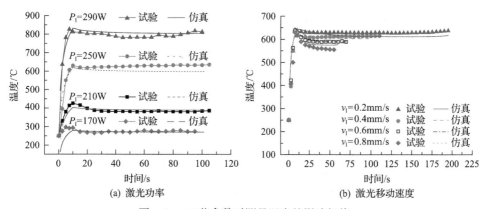

(a) 激光功率　　　　　　　　(b) 激光移动速度

图 4-34　工艺参数对测量温度的影响规律

4.3　刀具磨损视觉检测

根据监测方法的不同，刀具磨损状态监测可以分为直接测量法与间接测量法。直接测量法主要有光学图像、接触式以及放射性技术等测量方法。直接测量法精度高，可以直接反映刀具的磨损状态，但是由于无法连续采集信号，在实际切削条件下难以实现在线测量，因此切削加工过程中刀具磨损的动态变化暂时难以监测。间接测量法主要通过检测切削力、振动信号和声发射信号等实现对刀具磨损的测量，如图 4-35 所示。间接测量法对传感器的安装位置和安装方式要求较高，并且多数需要对采集的信号进行预处理、特征提取以及特征选择等（深度学习方法除外），但面对恶劣的实际加工条件很难准确地采集到磨损相关的大量特征信息，而使用机器学习模型对刀具磨损量进行监测，其测量精度容易受特征提取质量的影响。与直接测量法相比，间接测量法的准确性和可靠性较低，且成本较高，但应用广泛。由于机器视觉具有结构简单、非接触获取磨损参量、检测效率高以及判别磨损比较直观等优点，本书介绍采用机器视觉的方法测量刀具磨损。

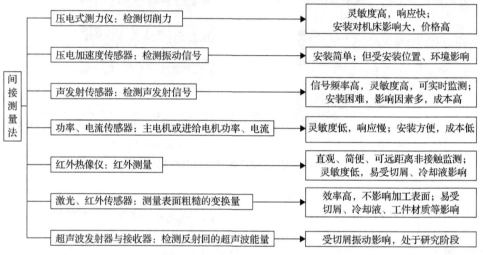

图 4-35　刀具磨损间接测量法

4.3.1　刀具磨损图像预处理

在实际的采集过程中，由于受到机床的振动、光照强度、电子设备噪声以及振动等影响，刀具磨损图像会产生一定的噪声，从而直接影响图像的识别精度。对刀具磨损图像进行预处理，可以减少图像中的冗余干扰信息，去除无效的噪声，从而提高磨损图像信息的清晰度。

1. 图像灰度化

图像灰度化指去除图像的色彩信息，保留图像的亮度信息特征，它可以加快计算机处理图像的速度。灰度化主要包括三种方法：最大分量法、平均值法、加权平均法，分别将 R、G、B 三分量中亮度的最大值、三分量的平均值及加权平均值作为灰度化后图像的灰度值。加权平均法中对彩色刀具磨损图像进行了综合考虑，灰度效果更佳，处理效果如图 4-36 所示。

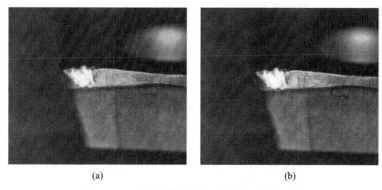

| (a) | (b) |

图 4-36 刀具磨损图像灰度化前后结果对比

2. 图像自适应混合滤波降噪处理

在加工环境下对刀具磨损采集的图像，主要受光照条件不稳定、感光传感器温度过高、电子电路或电子设备等产生的高斯噪声和磨损图像传输到计算机过程中引入的椒盐(脉冲)噪声的影响。大部分噪声是随机产生的，并能通过自适应空间域的方式有效地去除。现有的降噪方式主要有均值滤波和中值滤波。自适应混合滤波器可以自适应判断出噪声的类型，若窗口像素出现的噪声为椒盐(脉冲)噪声，则使用中值滤波进行处理，否则使用均值滤波进行去噪处理。使用 5×5 大小的滤波器窗口，设输出的图像为 $O(i,j)$，自适应混合滤波算法的流程如图 4-37 所示。

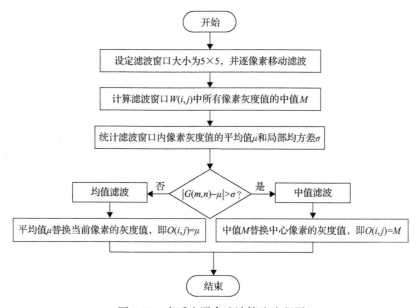

图 4-37 自适应混合滤波算法流程图

　　依据先验知识使用合理的阈值以判断噪声是否属于椒盐噪声，椒盐噪声的像素灰度值减去判断窗口内所有像素平均的灰度值一般都会大于判断窗口内像素灰度值的方差，因此在判断椒盐噪声时引入均值 μ 和局部方差 σ。判别椒盐噪声的条件采用如下公式：

$$W(i,j) = \begin{cases} 1, & \left|G(i,j)-\mu\right| \geqslant \sigma \\ 0, & \left|G(i,j)-\mu\right| \leqslant \sigma \end{cases} \tag{4-7}$$

式中，$W(i,j)$ 为窗口中心的像素，当其为 1 时表示此时为椒盐噪声，用中值滤波进行处理；当其为 0 时表示此时为高斯噪声，用均值滤波进行处理。$G(i,j)$ 为像素灰度值。

　　如图 4-38 所示，对刀具磨损图像添加常见的两种噪声：高斯噪声和椒盐噪声，以模拟刀具磨损图像在机采集过程中受噪声的影响。经比较，均值滤波虽然能够有效地抑制高斯噪声，但对椒盐噪声滤除效果不佳，并且会模糊刀具图像的边缘。

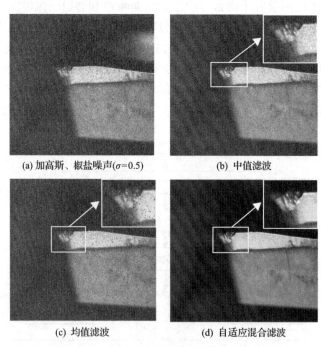

(a) 加高斯、椒盐噪声(σ=0.5)　　　　(b) 中值滤波

(c) 均值滤波　　　　(d) 自适应混合滤波

图 4-38　三种滤波方式的降噪效果对比

　　中值滤波可以滤除椒盐噪声，去除图像中的"白点"，保留图像边缘特征信息，但对高斯噪声滤除效果不佳。自适应混合滤波不仅能有效地抑制上述两种噪声，而且能保护刀具磨损图像的边缘以及高频细节信息。

3. 图像对比度拉伸

滤波处理后的刀具磨损图像边缘以及高频细节特征在一定程度上被平滑模糊化，尤其是刀具缺陷边缘对比度较低或者采集的图像模糊不清，层次不明晰时，将直接影响刀具磨损轮廓的精确提取，因此需要对图像进行增强处理。现有的图像增强方法主要有直接灰度变换和直方图均衡化两种。

分段线性变换是典型的增强对比度变换方式，主要根据不同的灰度区间使用不同的分段线性函数。刀具磨损图像中有背景、待提取的目标特征信息以及过渡段信息，可以利用分段线性变换对这三个信息分段进行处理。灰度分段线性变换，如图 4-39 所示。

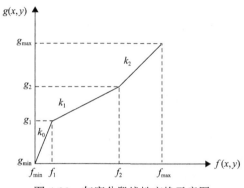

图 4-39　灰度分段线性变换示意图

刀具磨损图像可通过调整 f_1、f_2、g_1、g_2 之间的关系对直线的斜率进行控制，进而对需要提取的目标特征信息进行拉伸，对不需要的背景及过渡信息进行抑制，表达式为

$$g(x,y) = \begin{cases} k_0 f(x,y) - f_{\min} + g_{\min}, & f_{\min} \leqslant f(x,y) < f_1 \\ k_1 [f(x,y) - f_1] + g_1, & f_1 \leqslant f(x,y) < f_2 \\ k_2 [f(x,y) - f_2] + g_2, & f_2 \leqslant f(x,y) < f_{\max} \end{cases} \tag{4-8}$$

式中，f_1、f_2 表示分段点；$[f_{\min}、f_{\max}]$ 表示映射前的灰度值区间；k_0、k_1、k_2 表示变换函数的斜率。图 4-39 中，$[g_{\min}、g_{\max}]$ 表示映射后的灰度值区间。$k_0<1$ 时为背景区，$k_1=1$ 时为过渡区，$k_2>1$ 时为目标区。分段点与拉伸系数的设定决定了对比度增强的效果。

采用直方图均衡化和对比度线性拉伸的方法对图 4-38 中混合滤波后的刀具磨损图像进行图像增强试验，处理效果如图 4-40 所示。通过对比可以看出，直方图均衡化仅能增强图像局部对比度，整体效果并不理想。而对比度线性拉伸的方式能够有效地增强刀具待检测磨损区域与背景区域的对比度，提高刀具磨损图像灰度的动态调整范围，有效地改善磨损图像的质量。综上对比可知，对比度线性拉伸方式的图像增强效果更好。

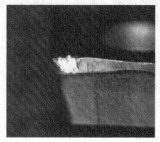  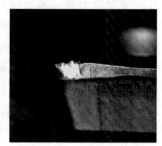

(a) 混合滤波   (b) 直方图均衡化   (c) 对比度线性拉伸

图 4-40 对比度线性拉伸与直方图均衡化的图像增强效果对比

4. 基于 OTSU 算法的自适应阈值图像分割

进行图像滤波去噪后，需要对磨损图像进行阈值图像分割。阈值分割的本质是将刀具磨损灰度图像的像素区域利用阈值直接从 0 到 255 转换成 0(黑色)与 1(白色)两个数值，用灰度值 0 来表示与特征无关的背景，而灰度值 1 表示要提取的目标特征。阈值分割的关键在于阈值的选取。采用 OTSU 算法对图像进行阈值自适应的选取。其基本原理如下：设图像中灰度值为 i 的像素个数为 n_i，灰度值区间为$[0，L-1]$，则总像素数为

$$N = \sum_{0}^{L-1} n_i \tag{4-9}$$

各个灰度值的概率为

$$p_i = \frac{n_i}{N} \tag{4-10}$$

用阈值 T 将磨损图像的灰度值分成 C_0 和 C_1。C_0 是$[0，T-1]$的区间，C_1 是$[T，L-1]$的区间，则区域 C_0 和 C_1 的概率依次为

$$P_0 = \sum_{i=0}^{T-1} p_i \tag{4-11}$$

$$P_1 = \sum_{i=T}^{L-1} p_i = 1 - P_0 \tag{4-12}$$

区域 C_0 和 C_1 的平均灰度值依次为

$$\mu_0 = \frac{1}{P_0}\sum_{i=0}^{T-1} iP_i = \frac{\mu(T)}{P_0} \tag{4-13}$$

$$\mu_1 = \frac{1}{P_1}\sum_{i=T}^{L-1} iP_i = \frac{\mu - \mu(T)}{1 - P_0} \tag{4-14}$$

则整体平均灰度值为

$$\mu = \sum_{i=0}^{L-1} iP_i = \sum_{i=0}^{T-1} iP_i + \sum_{i=T}^{L-1} iP_i = P_0\mu_0 + P_1\mu_1 \tag{4-15}$$

两组区域的总方差为

$$\sigma_B^2 = P_0\left(\mu_0 - \mu\right)^2 + P_1\left(\mu_1 - \mu\right)^2 = P_0 P_1\left(\mu_0 - \mu_1\right)^2 \tag{4-16}$$

依次在区间[0，L–1]内取 T 值，使 σ_B^2 达到最大的 T 值即最佳的分割阈值，能够对磨损图像达到最佳的分割效果。

　　分别使用单阈值、双阈值以及 OTSU 自适应阈值选取算法对图像进行阈值分割处理，处理结果如图 4-41 所示。由图可知，单阈值法能识别出刀具后刀面磨损区与背景区的边界，但分割不出待检测磨损区域与未磨损区域，因此分割效果不理想。双阈值法虽然可以识别出磨损区域与未磨损区域的边界，但其检测出的边界模糊、有断裂且出现丢失部分磨损区域的情况，边缘像素点定位精度较低，不能满足后续处理需求。OTSU 算法能够将待检测磨损区域的边缘轮廓较为完整清晰地分割出来，保留磨损区绝大多数的信息，并且具有阈值自适应提取功能，有利于后续处理及实现算法自动化。综上分析，OTSU 算法的分割效果最佳。

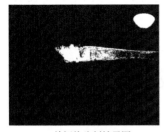 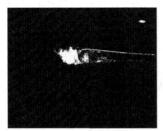 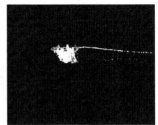

(a) 单阈值分割效果图　　　　　(b) 双阈值分割效果图　　　　　(c) OTSU算法分割效果图

图 4-41　三种阈值分割效果对比

4.3.2　图像形态学处理

　　刀具磨损图像经过滤波、增强以及阈值分割等预处理后，能够获取磨损边界轮廓完整清晰的二值图像。但磨损区域的边缘仍存在断点，磨损区域内部存在孔洞以及狭窄的细缝，无法满足磨损特征几何参数的测量要求，因此对二值图像进行形态学处理，可使磨损区域边缘轮廓完整、内部连通。

1. 膨胀

膨胀用于弥补刀具磨损区域小的孔洞以及狭窄细缝。A 为刀具原始图像，B 为膨胀结构元素，A 和 B 是整数空间 Z 的集合。$\hat{B}$ 为 B 相对于原点的映射，使用 B 对 A 进行膨胀，即先对 B 进行关于中心点的映射 $\hat{B}$，再将 $\hat{B}$ 平移 z 个像素，同时 $\hat{B}$ 平移了 z 个像素后与集合 A 的交集不能为空。用 $A \oplus B$ 表示，定义为

$$A \oplus B = \left\{ z \middle| \left[(\hat{B})_z \cap A \right] \subseteq A \right\} \tag{4-17}$$

2. 腐蚀

腐蚀运算可简化磨损图像区域的结构，去除单像素宽的部分物体。设 A 和 B 是整数空间 Z 的集合，使用 B 对 A 进行腐蚀，即集合 B 完全包含于集合 A 中时，集合 B 原点位置的集合。使用腐蚀进行图像处理的运算效果如图 2-10 所示。用 $A \Theta B$ 表示，定义为

$$A \Theta B = \left\{ z \middle| (B)_Z \subseteq A \right\} \tag{4-18}$$

3. 开启与闭合

开启（或结构开）是指对图像先腐蚀再进行膨胀的组合运算，而闭合（或结构闭）的运算过程刚好与其相反。结构元素 B 对集合 A 进行开启运算，用 $A \circ B$ 表示，定义为

$$A \circ B = (A \Theta B) \oplus B \tag{4-19}$$

结构元素 B 对集合 A 进行闭合运算，用 $A \bullet B$ 表示，定义为

$$A \bullet B = (A \oplus B) \Theta B \tag{4-20}$$

4. 区域填充

对执行开启或者闭合操作运算后的刀具磨损图像，其磨损区域的边缘进一步完善，但其内部仍然存在较大的孔洞，影响刀具磨损几何参量的测量，故需要进行区域填充操作。设定集合 A 的内部一点为 P，令 $X_0 = P$，B 为结构元素，区域填

充的集合为 $X_k \cup A$，其中 X_k 可表示为

$$X_k = \left(X_{k-1} \oplus B\right) \bigcap A^c, \quad k = 1, 2, 3, \cdots \tag{4-21}$$

式中，当 k 迭代到 $X_k = X_{k-1}$ 时，停止迭代运算。按照上式不断操作，即可填充区域内部所有的孔洞。

将 OTSU 算法获取的二值图像进行形态学分析，其结果如图 4-42 所示。首先进行开启与闭合运算，由图 4-42(b) 所示去除磨损区域轮廓上细小的毛刺和轮廓外的孤点、碎线、弥补区域内部的小孔、沟壑以及边缘上的缺口，平滑图像外轮廓的边缘，但此时磨损区域内部仍然有较大的孔洞未被填平。然后进行区域填充操作，如图 4-42(c) 所示，填充区域内部的孔洞，以便获得边缘完整、内部连通的二值图像，提高磨损几何参数检测的精度。

 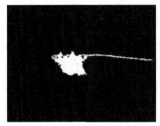 

(a) 二值放大图　　　　　　(b) 开启与闭合运算效果图　　　　　　(c) 区域填充效果图

图 4-42　形态学分析结果

4.3.3　图像边缘检测

刀具磨损区域轮廓边缘是图像中的重要信息。对二值化后的图像进行边缘检测，得到准确的边缘特征信息，从而准确地获取刀具的磨损特征值。图像的边缘检测算子主要以一阶求导（包括 Sobel、Roberts、Prewitt 等梯度算子）与二阶求导（拉普拉斯算子）为基础进行构造。

Canny 边缘检测算子（简称 Canny 算子）可以利用高斯函数的一阶微分及二阶导数过零点，能有效地识别刀具磨损轮廓的强边缘与弱边缘，具有各向同性和旋转不变形的优点，但运行时间会随着差异增减而变化。Deriche 边缘检测算子（简称 Deriche 算子）较 Canny 算子运行速度快，但检测的边缘幅度受边缘角度影响，间接影响检测精度。Lanser 边缘检测算子（简称 Lanser 算子）对 Deriche 算子的各向异性缺陷进行修正，运行速度优于 Canny 算子，运行精度优于 Deriche 算子。

设定 Deriche 算子在梯度方向为 θ 的情况下，获取的边缘幅度为 A，实际梯度下的边缘幅度为 A'，Lanser 算子对 Deriche 算子边缘幅度的修正如下所示：

$$A' = AV(\theta) \tag{4-22}$$

$$V(\theta) = \sqrt{x(\theta)^2 + y(\theta)^2} \tag{4-23}$$

$$x(\theta) = 1 - \frac{1}{2(1 + \tan\theta)} - \frac{1 - \tan\theta}{2(1 + \tan^2\theta)} \tag{4-24}$$

$$y(\theta) = 1 - \frac{1}{2(1 + \cot\theta)} - \frac{1 - \cot\theta}{2(1 + \cot^2\theta)} \tag{4-25}$$

通过计算每个梯度方向 θ 下的 $V(\theta)$ 值，即可计算出实际幅度 A'，实现对 Deriche 算子各向异性引起检测误差的修正。采用以上三种边缘检测算子对图 4-42 中形态学处理后的磨损区域进行边缘检测，其处理后效果如图 4-43 所示。结果表明，Deriche 算子检测到的刀具磨损区域边缘有部分断裂，检测结果不高，但检测速度快。由图 4-43(a)可知，Canny 算子虽然可以细化检测到的边缘，但容易丢失一些边缘信息，出现边缘断裂情况，其运行速度最慢。由图 4-43(c)可知，Lanser 算子提取的磨损区域边缘更平滑且完整，能够保证磨损图像不失真，具有较好的边缘定位精度且其运行时间较 Canny 算子短。综合考虑检测时间以及检测精度，Lanser 算子要优于 Canny、Deriche 算子，因此选用 Lanser 算子检测刀具磨损图像的像素级精度边缘。

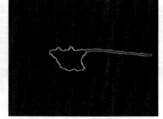

(a) Canny算子检测结果　　　　　　(b) Deriche算子检测结果　　　　　　(c) Lanser算子检测结果
　运行时间88.56ms　　　　　　　　　运行时间43.19ms　　　　　　　　　　运行时间47.70ms

图 4-43　三种边缘检测算子检测效果对比

4.3.4　基于改进的 Zernike 矩亚像素边缘检测

多数常用的边缘检测算子大多数以像素为最小单位，只能满足刀具磨损边缘位置的像素级检测要求，通过算法可将检测精度提高到亚像素级。采用 Lanser 算子实现刀具磨损区域像素级边缘的定位，然后通过改进的 Zernike 矩算子，根据获取的像素级边缘获得最终磨损区域轮廓的亚像素级边缘。

虽然高斯曲线拟合法的计算较为简单，但其边缘轮廓的定位精度低，抗噪声能力较弱。插值法的计算量大，检测精度低，抗噪声能力差。改进的 Zernike 矩亚像素边缘检测法具有检测精度较高、计算过程相对简单、抗噪声能力强，曲线较为实用等优点，满足实际应用的需要。改进的 Zernike 算子考虑了模板的放大效应，采用 7×7 的模板，对模板系数进行了扩展。针对细化检测得到的图像边缘线条，提出了一种新的边缘判断方法。

图像的理想亚像素边缘检测模型如图 4-44 所示，根据图像的 Zernike 矩旋转不变性，将图像旋转至合适的角度，实现了刀具磨损区域轮廓边缘的精确定位。图中阴影部分是单位圆包含的刀具磨损区域，直线 L 被单位圆包含的部分表示磨损区域的理想边缘，边缘线 L 将磨损区域的灰度值分成 h 和 $h+k$，l 表示原点到理想边缘 L 的垂直距离，Φ 表示 l 与 x 轴的夹角，两条虚线 ab、cd 表示不同阶次 Zernike 矩条件下的边缘，而 l_1 和 l_2 分别表示原点到 ab、cd 边缘的距离。图 4-44(b) 为图 4-44(a) 顺时针旋转 Φ 后的图像。

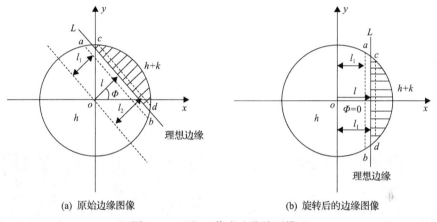

(a) 原始边缘图像　　　　　　　　　　(b) 旋转后的边缘图像

图 4-44　理想亚像素边缘检测模型

计算旋转后不同阶次的 Zernike 正交矩，并相互结合组建方程组，即可求解出图像参数 l、k、h、Φ。假定 Zernike 正交矩模板大小为 $N \times N$，同时考虑模板的放大效应。设点 (x, y) 对应的亚像素边缘点 (x_s, y_s)，其表达式为

$$\begin{bmatrix} x_s \\ y_s \end{bmatrix} = \begin{bmatrix} x \\ y \end{bmatrix} + \frac{Nl}{2} \begin{bmatrix} \cos \Phi \\ \sin \Phi \end{bmatrix} \tag{4-26}$$

边缘点的判别依据为

$$k \geqslant k_t \bigcap |l_2 - l_1| \leqslant l_t \tag{4-27}$$

式中，k_t 与 l_t 为阈值，k_t 可通过自适应阈值法求取。改进后 Zernike 矩亚像素边缘检测算法具体流程如图 4-45 所示。

如图 4-46 所示，使用改进的 Zernike 矩对 Lanser 算子提取的像素级边缘进行重定位，可以获取磨损区域亚像素级边缘。由边缘重定位过程可看出，获取的亚

像素精度边缘从像素内部穿过，其点坐标更加精确，更有利于磨损参量的后期计算。该方法还在去噪、边缘检测精度及运算速度方面有很好的优点。

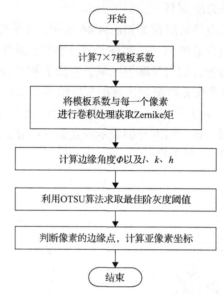

图 4-45 Zernike 矩亚像素边缘检测算法流程图

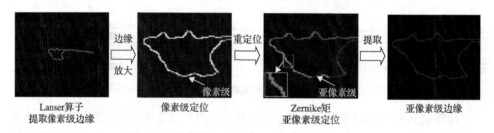

图 4-46 改进的 Zernike 矩亚像素边缘检测结果

4.3.5 铣削刀具磨损几何参数测量方法

铣刀有多个切削刃，并且以断续切削的方式工作，磨损受加工条件、切削参数以及刀具的几何角度等多种因素影响。使用后刀面磨损量 VB 作为检测指标并不能反映真实的磨损情况，因此使用副后刀面磨损面积 A_{VB} 二维磨损度量作为检测指标。通常采用 ISO 磨钝标准，取后刀面磨损量 VB=0.3mm 或 VB$_{max}$=0.6mm 为磨钝标准。对于小直径高速钢刀具，当副后刀面磨损面积 $W_S > 8600\mu m^2$ 时，刀具形态损坏严重，出现无法补偿的磨损或崩刃；而对于大直径刀具，则需要根据实际加工精度设定磨钝标准。试验的铣削形式为端铣，切削深度较小，故选择后刀面的磨损量 VB 和磨损面积 A_{VB} 为磨损衡量指标。在图像完成混合滤波去噪处理后，对图像进行刀具的旋转定位及处理。

1. 刀具旋转定位

在刀具图像采集过程中，由于难以保证刀具边缘与图像的水平保持一定的角度，需要对图像进行旋转定位，以便后续处理。大量的试验表明，切削刃往往不完整，但刀具后刀面的下边缘在切削过程中始终保持不变，因此通过提取该下边缘与水平的夹角 α，可以实现刀具的旋转定位，如图 4-47 所示。对磨损图像进行列扫描，寻找刀具后刀面下边缘上的点，并且对这些点进行直线拟合处理，即可求解出需要旋转的角度。

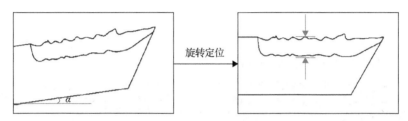

图 4-47　平底铣刀旋转定位示意图

2. 磨损区域上边界重建

平底铣刀铣削加工过程中，切削刃上可能会黏结有少量切屑或者产生微量破损，如图 4-48 所示。若直接从磨损区域提取磨损量，将会产生较大的误差，因此需要对刀具磨损区域的上边界进行重建。自上而下列扫描 Zernike 矩算子得到磨损区域亚像素级边缘，其磨损上边界为 $W_{\mathrm{h}}(x)$，下边界为 $W_{\mathrm{l}}(x)$。对提取的位置 $W_{\mathrm{h}}(x)$ 由高至低进行排列，如果位置越低，该位置发生局部破损的概率越大；如果位置过高，该位置出现切屑黏结的概率越大。根据排列的顺序取中间位置的 K 个上边界点对磨损区域上边界重建，同时以 K 个点位置的平均值 $\overline{W_{\mathrm{h}}}$ 为磨损区域统一的位置，以此提高磨损的测量精度。

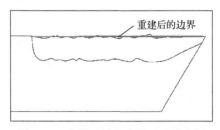

图 4-48　磨损区域上边界重建示意图

3. 磨损衡量指标提取

完成切削刃重建后，对磨损区域进行列扫描，第 m 列的磨损量为

$$V(m) = \left| \overline{W_{\mathrm{h}}} - W_{1}(m) \right| \tag{4-28}$$

如果 n 列出现磨损，则最大磨损量为

$$V_{\max} = \max \left\{ \left| \overline{W_{\mathrm{h}}} - W_{1}(m) \right| \right\}, \quad 1 \leqslant m \leqslant n \tag{4-29}$$

刀具副后刀面磨损面积 A_{VB} 可通过统计磨损区域中的像素点进行提取，设亚像素边缘检测后形成封闭磨损区域 $g(x, y)$ 的大小为 $M \times N$，磨损面积公式为

$$A_{\mathrm{VB}} = \sum_{x=1}^{M} \sum_{y=1}^{N} g(x, y) \tag{4-30}$$

以上述相同的处理方式可以提取盘铣刀的磨损几何参量。按上述原理对 1 号、2 号磨损图像进行磨损几何参量检测，其检测结果如图 4-49 所示。

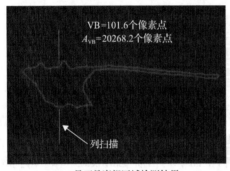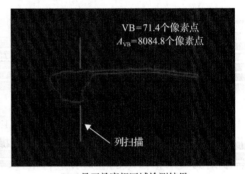

　　(a) 1号刀具磨损区域检测结果　　　　　　　　(b) 2号刀具磨损区域检测结果

图 4-49　两张盘铣刀磨损区域检测结果图像

4.3.6　刀具磨损监测结果

使用山特维克公司 490R 系列的 CVD 与物理气相沉积（physical vapor deposition，PVD）涂层硬质合金刀片进行试验，盘铣刀磨损检测试验的实际工作情况如图 4-50 所示。

提取铣刀片后刀面的最大磨损量 $VB_{\max}$ 及后刀面磨损区域面积，并将其与精密光学显微镜实际检测的磨损量进行对比，两种方式采集的铣刀片磨损图像如图 4-51 所示，进一步分析测量误差，验证本检测系统的可行性。

每次采集以刀盘上标签正下方对应的刀片为起点，按照刀具旋转的方向依次对六个刀片进行编号。试验中图像采集装置自动采集后，需机床停机利用精密光学显微镜按照上述刀片的编号，依次人工检测出每个刀片实际的磨损几何参量。随机从前面不同次采集试验所得到的刀具磨损图像中选择 12 张进行逐一随机编号并试验，两种方法检测出铣刀片后刀面的最大磨损量 $VB_{\max}$ 及后刀面磨损区域面积 A_{VB} 如表 4-6 所示。

(a) 检测刀片

(b) 检测试验装置

图 4-50　刀具磨损检测试验

(a) 本系统采集的磨损图像

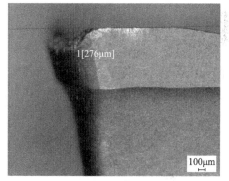

(b) 光学显微镜采集的磨损图像

图 4-51　本系统与光学显微镜采集的磨损图像对比图

表 4-6　两种检测方法测量的最大磨损量 VB$_{max}$ 和磨损面积结果对比

编号	超景深检测 VB$_{max}$/μm	系统检测 VB$_{max}$/μm	误差/μm	误差率/%	超景深检测 A_{VB}/μm²	系统检测 A_{VB}/μm²	误差/μm²	误差率/%
1	176	182.67	6.67	3.79	55346	52368.39	2977.61	5.38
2	356	363.69	7.69	2.16	221268	210492.25	10775.6	4.87
3	107	111.78	4.78	4.47	42526	43142.63	616.63	1.45
4	111	108.94	2.06	1.86	67485	70346.36	2861.36	4.24
5	158	153.86	4.14	2.62	50435	49199.35	1235.66	2.45
6	195	192.29	2.71	1.39	75399	71953.27	3445.73	4.57
7	419	401.65	17.35	4.14	238379	226412.37	11966.6	5.02
8	261	268.46	7.46	2.86	108913	103815.87	5097.13	4.68
9	273	282.17	9.17	3.36	126248	134391.0	8143.0	6.45
10	211	206.84	4.16	1.97	102893	96832.60	6060.40	5.89
11	102	99.44	2.56	2.51	34785	36451.20	1666.20	4.79
12	87	90.12	3.12	3.59	28810	27899.60	910.40	3.16

　　由表可知，设计的刀具最大磨损量和磨损面积与精密光学显微镜人工检测出的值大小比较接近，并且检测上述磨损图像最大磨损量的误差率为 1.39%～4.47%，均低于 4.5%；而磨损面积的误差率为 1.45%～6.45%，均低于 6.5%，验证了所设计检测系统对盘铣刀磨损检测的可行性。

4.4　铣削刀具磨损类型自动识别

　　随着大数据和计算机技术的快速发展，许多具有各自特点的深度网络模型被应用到图像识别领域，并且逐渐优化。通过建立卷积神经网络模型，学习刀具磨损图像的特征，实现对刀具磨损类型的智能识别。

4.4.1　深度学习的典型学习模型

　　1. 自动编码机

　　自动编码机(autoencoder，AE)主要用于处理复杂的高维数据。其目的是学习如何通过降维来表示一组数据。自动编码机通常利用非监督学习的方式挖掘出最能表示数据内在规律的特征，之后将其用于监督学习方式深层网络模型的初始化学习中。自动编码机的基本结构如图 4-52 所示。

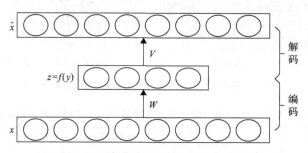

图 4-52　自动编码机模型结构示意图

　　自动编码机包括将输入数据信号映射到低维空间的编码机和利用隐含特征重新构造原始输入数据信号的解码机两部分。如果设输入的数据信号为 x，编码层首先将其线性映射(即加权重和偏置)为 y，之后再进行某种非线性变换，这个过程可以公式化为

$$z = f(y) = f(W_x + b) \tag{4-31}$$

式中，$f(\cdot)$ 表示某种非线性函数；W_x 和 b 分别表示每一层的连接权重和偏置。解码层和编码层原理类似，将隐含特征 z 反向映射回输入空间，从而获得重新构造后的输入数据信号 $\hat{x}$。网络进行训练时的优化方向是使重新构造的数据信号 $\hat{x}$ 和

输入数据信号 x 的均方差最小，用公式表示为

$$\min \sum_i \left(\hat{x}_i - x_i\right)^2 \qquad (4\text{-}32)$$

2. 循环神经网络

循环神经网络(recurrent neural network，RNN)主要用于解决时间序列数据问题。在前馈神经网络模型中，数据信息由输入层传递至隐含层，然后是输出层。同一层中的神经元之间没有联系。该结构无法解决输入数据之间存在关系的问题。例如，需要句子中的前一个词来预测下一个词，而同一句话中的单词并不是独立的。RNN 模型可以对时间序列上的变化进行建模，主要应用于自然语言的处理、语音语义识别以及手写字的识别等领域。该网络不仅具有与卷积神经网络相同的数据传播方式，还有相同隐含层神经元之间的数据转换。一个循环神经网络可以展开成一个非循环神经网络，如图 4-53 所示。

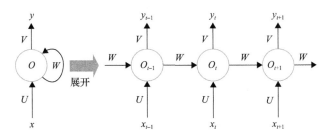

图 4-53　展开式的循环神经网络结构

循环神经网络的输入和输出分别设为 x 和 y，t 表示时刻，例如，x_t 和 y_t 分别是第 t 时刻的输入和输出，x_t 可以是一句话的第一个单词，y_t 可以是下一个预测的单词。第 t 时刻的隐含节点 O_t 可以利用第 t 时刻的输入 x_t 和第 t–1 时刻的隐含节点 O_{t-1} 进行计算。以此类推，t+1 时刻网络的输出结果 y_{t+1} 是该时刻的输入和所有历史时刻的信息共同作用的结果，故也实现了对时间序列建模的目的。隐含节点的更新公式为

$$O_t = f\left(Ux_t + WO_{t-1}\right) \qquad (4\text{-}33)$$

式中，O_t 称为隐含层的记忆单元，并具有存储历史时刻信息的功能；U 表示当前输入数据对输出数据的权重；W 表示历史数据对输出数据的权重。

3. 深度置信网络

深度置信网络(deep belief network，DBN)是由受限玻尔兹曼机(restricted Boltzmann machines，RBM)堆叠而成的一种深层网络模型。RBM 的基本结构如

图 4-54(a)所示，它包括隐含层 h 和可视层 v。RBM 也是一种能量函数模型，根据统计力学的理论可知：利用能量函数模型可以描述任何形式的概率分布。数据分布可由能量函数模型来建模，通过建立概率分布和能量函数之间的数学关系，求解出反映数据内在规律的能量函数。

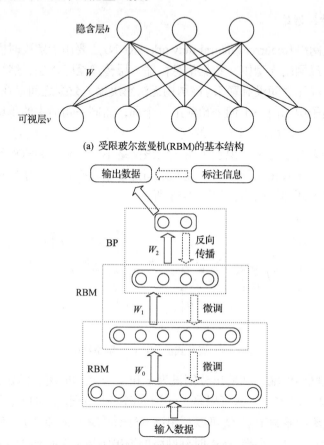

(a) 受限玻尔兹曼机(RBM)的基本结构

(b) 深度置信网络(DBN)的网络模型结构

图 4-54　RBM 和 DBN 的基本结构

DBN 主要由预训练网络模型的多层 RBM 和用于精细化的 RBM 堆叠形成的网络，以及提高网络模型分类能力的单层前馈反向传播网络组成，具体的 DBN 结构如图 4-54(b)所示。在对 DBN 进行训练时，采用逐层贪婪无监督预训练的方法获取网络权重，数据通过由上而下进行传递。各层输入的原始数据用于计算隐含单元，较低层隐含单元输出的特征用作较高层的输入数据，层数越高，提取的特征信息越深。然后，BP 算法将带有标签的信息传给前面的各层，利用输出层的实际误差来对 DBN 的网络权重进行更新，微调后使网络参数达到最优解，此过程类似于卷积神经网络的监督训练。

4. 卷积神经网络

卷积神经网络(convolutional neural networks,CNN)是一种前馈型人工神经网络，具有深度结构，同时包含卷积计算。该算法将人工神经网络和离散卷积相结合用于图像处理，具有自适应提取图像特征的能力。与传统图像识别方法相比，图像可以直接用作网络的输入，避免了复杂的特征提取和数据重构的过程。其结构主要由卷积层、池化层(又称下采样层)和全连接层构成。

1) 卷积层

卷积操作就是利用卷积核按照设定的步长在图像上进行"滑动"，提取图像中的特征得到特征图像。单个卷积核仅可获取一个特征，可以通过增加卷积核的数目和种类来学习图像更多特征。设定一些尺寸比较大的图片 $x_1(r_1 \times c_1)$，在该图片上进行卷积操作的卷积核尺寸大小为 $x_s(r_s \times c_s)$，学习 k_c 个特征，得到的多个特征图像 $Cl_i(i=1,2,3,\cdots,k_c,k_c$ 为卷积核的个数)如式(4-34)所示:

$$Cl_i = ReLu(W^{(1)}x_s + b^{(1)}) \qquad (4-34)$$

式中，$W^{(1)}$ 和 $b^{(1)}$ 分别表示权重和偏置；$ReLu(x)$ 表示搭建模型采用的非线性映射激活函数。特征图像 Cl_i 的实际尺寸大小为

$$S(Cl_i) = \left\{\left[(r_1 + 2 \times pading - r_s)/stride\right]+1\right\} \times \left\{\left[(c_1 + 2 \times pading - c_s)/stride\right]+1\right\} \times k_c$$
$$\qquad (4-35)$$

式中，k_c 表示卷积核的个数；pading 表示边缘扩展参数；stride 表示卷积核的步长。

2) 池化层

池化操作就是将网络中某一位置的输出用其相邻输出的总体统计特征进行替代，其可降低特征维数、减少网络结构中的参数，进而避免网络产生过度拟合。平均值、最大值池化分别将各个子区域的平均值、最大值作为输出值。随机值池化根据像素点大小赋予概率，然后按照概率进行池化。图 4-55 为三种池化示意图。设定池化核尺寸为 $p_p(r_p \times c_p)$，$Cl(r \times c)$ 为卷积操作后得到的特征图像，池化后得到多个特征图像 $p_i(i=1,2,3,\cdots,k_p,k_p$ 为池化核的个数)，如式(4-36)所示。搭建的网络模型采用最大值池化法和平均值池化法进行池化操作。

$$p_i = \max_{r_p \times c_p}(Cl) \quad 或 \quad p_i = \underset{r_p \times c_p}{average}(Cl) \qquad (4-36)$$

则特征图像 p_i 的实际尺寸大小为

$$S(p_i) = \left\{\left[(r + 2 \times pading - r_p)/stride\right]+1\right\} \times \left\{\left[(c + 2 \times pading - c_p)/stride\right]+1\right\} \times k_p$$
$$\qquad (4-37)$$

式中，k_p 表示池化核的个数。

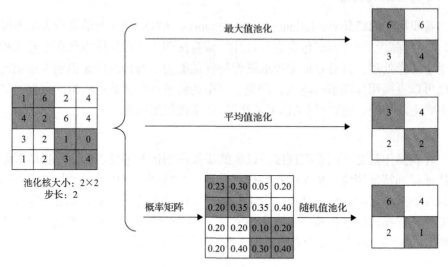

图 4-55　三种池化示意图

3）全连接层

全连接层通常出现在网络结构的最后几层，该层的每个神经元都与上一层的神经元进行连接。全连接层目的是综合前一层的所有输出特征，最终输出输入图像的高层特征。计算机中全连接层相当于神经元节点间进行内积运算，涉及前向计算，如式（4-38）所示，用于计算每个神经元的输出值；后向计算，如式（4-39）所示，用于计算每个神经元的误差项。

$$y = W^{\mathrm{T}} x + b \tag{4-38}$$

$$\frac{\partial l}{\partial x} = W \cdot \frac{\partial l}{\partial y}, \quad \frac{\partial l}{\partial w} = x \cdot \left(\frac{\partial l}{\partial y} \right)^{\mathrm{T}} \tag{4-39}$$

式中，$y \in \mathbf{R}^{m \times l}$ 表示神经元的输出；$y \in \mathbf{R}^{n \times l}$ 表示神经元的输入；$W \in \mathbf{R}^{n \times m}$ 表示神经元的权重；b 表示偏置项；l 表示本层的神经元。

4）激活函数

激活函数可以给网络加入非线性因素，为了使深度神经网络具有非线性拟合能力，每个卷积层和池化层之后都有激活函数。常用的激活函数有 Sigmoid 函数，Tanh 函数，ReLu 函数以及其变体。它们的函数形式及特性如表 4-7 所示。综合以上激活函数的特性，使用 ReLu 函数能加快网络训练的速度。

5）Dropout

Dropout 指网络模型进行训练时按照一定丢弃比例 p 舍弃部分神经元,使原来

表 4-7　常见激活函数的表达形式及函数特性

激活函数类型	函数表达形式	函数特性
Sigmoid 函数	$f(x) = 1 / [1 + \exp(-ax)]$	值域[0,1]，输入过大或过小导致梯度消失，存在梯度饱和问题
Tanh 函数	$f(x) = \dfrac{1 - \exp(-2x)}{1 + \exp(-2x)}$	值域[-1,1]，略好于 Sigmoid 函数，存在梯度饱和问题
ReLu 函数	$f(x) = \max(0, x)$	输入为正时，网络收敛速度较 Tanh 函数快；输入为负时，输出为 0，部分神经元处于"坏死状态"
Leaky-ReLu（LReLu）或 PReLu 函数	$f(x) = \max(ax, x)$	ReLu 函数的变体，保留了负轴值，LReLu 中 a 依据经验人工赋值，PReLu 中 a 当成参数去训练，解决了神经元"坏死"情况，网络收敛速度更快

网络变成更稀疏的网络，从而改变每次训练时的网络结构来避免出现过拟合。一般网络测试时不使用 Dropout，为了使测试时 Dropout 的下层输入和训练时相同，需要重新调整测试时 Dropout 层的输出。测试与训练阶段 Dropout 层神经元的输出为

$$O_i = X_i G\left(\sum_{k=1}^{d_i} w_k x_k + b\right) \tag{4-40}$$

$$O_i = (1 - p) G\left(\sum_{k=1}^{d_i} w_k x_k + b\right) \tag{4-41}$$

式中，X_i 表示 Dropout 层具有 d_h 维度的伯努利变量；d_i 为输入维数；$G(\cdot)$ 表示 d_h 神经元的激活函数；p 为 Dropout 丢弃率。

6）L2 正则化

L2 正则化又称为权重衰减，主要用来抑制深层次的网络产生过拟合现象。L2 正则化是通过在代价函数后添加一个正则化项，动态地调整网络权重的更新，以减小权重的影响。对权重的影响如式（4-42）和式（4-43）所示：

$$T = T_0 + \frac{\lambda}{2n} \sum_w w^2 \tag{4-42}$$

式中，T_0 表示原代价函数；λ 为正则化系数；w 表示网络的权重。对代价函数求导，w 的变化为

$$w = \left(1 - \frac{\eta\lambda}{n}\right) w - \eta \frac{\partial T_0}{\partial w} \tag{4-43}$$

参数 η、λ、n 都为正数，权重 w 的系数小于 1，经过 L2 正则化后，可起到减小 w 的效果。

7) 批量正则化

深度神经网络的训练过程中,前一层网络参数的变换会影响中间网络层输入数据的分布,致使每批次(batch)样本输入网络都需要重新调整输入的分布变换,从而降低训练速度,因此需要对输入数据进行归一化预处理。为了简化计算且避免网络参数摄动,采用批量正则化(batch normalization,BN)使每一层网络的概率分布变换为标准的正态分布。归一化后的数据需要进行一定的线性变换,恢复原始网络所要学习到的特征分布。批量标准化往往在激活函数之前、卷积操作之后。

4.4.2 基于卷积神经网络的铣削刀具磨损类型自动识别

构建刀具磨损类型识别的网络结构主要由网络的训练和网络的测试两部分组成,主要目的是识别盘铣刀片的磨损类型,以利于判定加工状态,优化工艺参数。刀具磨损类型识别的流程如图 4-56 所示。

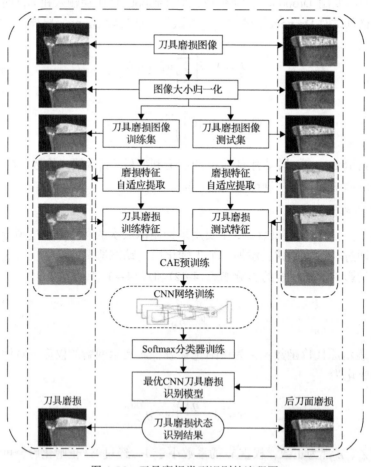

图 4-56　刀具磨损类型识别的流程图

刀具磨损图像经过图像大小归一化后成为数据集，自适应提取刀具磨损图像的磨损特征，提取到的特征一部分作为训练特征，另一部分作为测试特征。在此基础上，卷积自动编码器预先训练网络模型，输出结果作为 CNN 网络参数的初始值，并利用 CNN 继续进行训练得到网络参数的最优解。用 Softmax 分类器对刀具的磨损类型进行识别与分类。在此过程中，网络结构持续地进行迭代并反馈出计算的实际误差结果，并且实时更新网络的权重，以获得最佳的刀具磨损类型识别模型。

采用图片分类 VGGNet-16 模型，对基于卷积神经网络的刀具磨损类型识别模型（命名为 ToolWearnet）进行构建，本模型共 12 层，包括 11 个卷积层和 1 个全连接层，每个卷积核的大小都是 3×3。为了减少网络参数，本网络模型只设置一个全连接层，并将网络最后一层之前的池化层设置为平均值池化层，其核大小为 4×4。采集的磨损图像为像素大小为 256×256×3 的彩色图片，并且根据刀具磨损类型不同分为四类，因此将采集的磨损图像随机裁剪为统一的 224×224 尺寸，作为网络模型的输入数据，同时将全连接层设置为 4 类输出。基于卷积神经网络的刀具磨损类型识别方法框架及网络模型结构如图 4-57 所示。

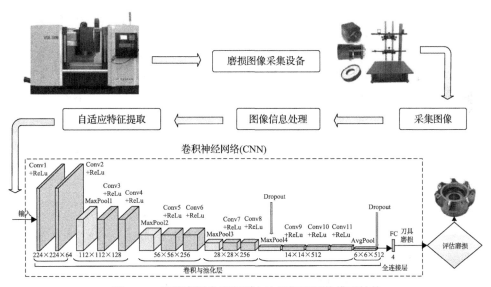

图 4-57　刀具磨损类型识别方法框架及网络模型结构

搭建的模型 Conv1、Conv3、Conv5、Conv7、Conv9、Conv10、Conv11 层加入 BN 归一化层，可防止模型过拟合、加快模型收敛速度。在 AvgPool 层和 MaxPool4 层后增加 Dropout 技术，提高了网络的泛化能力，避免了网络产生过拟合。刀具磨损图像的特征分类在第 12 层全连接层（FC）输出，通过对刀具磨损图像与对应标签的训练，输出刀具磨损类型的分类结果，并输出识别准确率和损失函数值。采用此结构构建 ToolWearnet 模型。卷积和池化操作后得到的所有特征图像大小可被计算出来，每层具体参数如表 4-8 所示。共包含 12 层网络结构，有11 个卷积层，5 个池化层，1 个全连接层。

表 4-8　ToolWearnet 模型的结构参数

层	名称	输入特征图大小	核大小	步长	边缘拓展参数	输出特征图大小
0	Input	224×224×3	—	—	—	224×224×3
1	Conv1	224×224×3	3×3×64	1	1	224×224×64
2	Conv2	224×224×64	3×3×64	1	1	224×224×64
3	MaxPool1	224×224×64	2×2×128	2	0	112×112×128
4	Conv3	112×112×128	3×3×128	1	1	112×112×128
5	Conv4	112×112×128	3×3×128	1	1	112×112×128
6	MaxPool2	112×112×128	2×2×256	2	0	56×56×256
7	Conv5	56×56×256	3×3×256	1	1	56×56×256
8	Conv6	56×56×256	3×3×256	1	1	56×56×256
9	MaxPool3	56×56×256	2×2×256	2	0	28×28×256
10	Conv7	28×28×256	3×3×256	1	1	28×28×256
11	Conv8	28×28×256	3×3×256	1	1	28×28×256
12	MaxPool4	28×28×256	2×2×512	2	0	14×14×512
13	Conv9	14×14×512	3×3×512	1	1	14×14×512
14	Conv10	14×14×512	3×3×512	1	1	14×14×512
15	Conv11	14×14×512	3×3×512	1	1	14×14×512
16	AvgPool	14×14×512	4×4×512	2	0	6×6×512
17	FC	6×6×512	—			4

　　网络模型先利用卷积自动编码器进行预训练，之后再用误差反向传播算法结合随机梯度下降方法进行优化与微调。具体的训练和测试算法如图 4-58 所示。

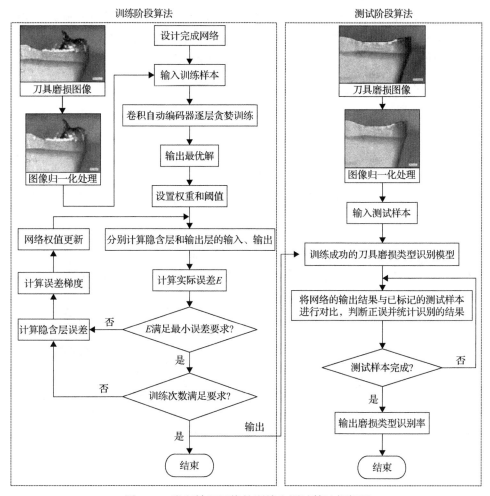

图 4-58　卷积神经网络的训练和测试算法框架图

4.4.3　试验结果和分析

使用激光加热辅助铣削高温合金 Inconel 718 的刀具磨损图像作为数据集。试验图像数据集由三部分组成：70%的图像为训练集；15%的图像为验证集；15%的图像为测试集。经统一随机裁剪处理后共得到四类刀具磨损及破损图像，包括黏结磨损、崩刃、前刀面磨损及后刀面磨损。数据集包含 8400 张刀具磨损图像。该数据集的部分图像及分层深度检索图片的过程如图 4-59 所示。

测试阶段训练集的初始学习率设置为 10^{-3}，最大的训练迭代次数为 10^3，Dropout 丢弃率取值为 0.2，权重衰减为 $5×10^{-4}$，批处理图片数量为 128，CNN 参数优化算法为随机梯度下降法。训练本网络模型时，采用批量归一化的方法加速网络训练。在测试此网络模型时，训练集每完成六次训练进行一次测试。在训练 ToolWearnet 网络模型之后，使用测试集来评估 ToolWearnet 网络模型在识别输入图像时的准确性。采用"准确率 P"和"平均识别准确率 AP"度量标准来执行评估的过程，如式(4-44)所示：

$$P = \frac{TP}{TP + FP} \times 100\% \tag{4-44}$$

$$AP = \left(\frac{1}{n} \frac{TP}{TP + FP} \right) \times 100\% \tag{4-45}$$

式中，TP 为测试样品中真阳性样品的数量；FP 为测试样品中假阳性样品的数量。

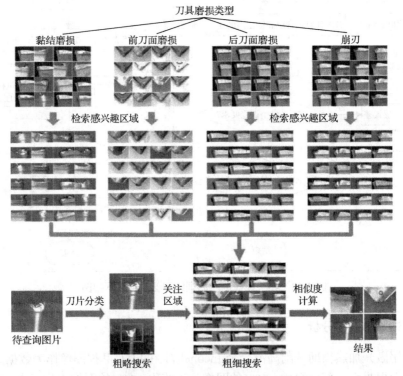

图 4-59　数据集部分图像及分层深度检索图片的过程

将 ToolWearnet 网络模型与 VGGNet-16 网络模型相比较。VGGNet-16 模型共有 16 层网络结构，有 5 个最大池化层、13 个卷积层以及 3 个全连接层。该网络模型采用 3×3 的卷积核提取图像的细节特征，更多的卷积层可增强网络的非线性表达能力。通过以上参数的训练和测试，得到不同的识别准确率和损失函数值，如图 4-60 所示。两种模型对不同刀具磨损类型的识别准确率以及两种模型的训练时间和识别时间对比结果如表 4-9 所示。

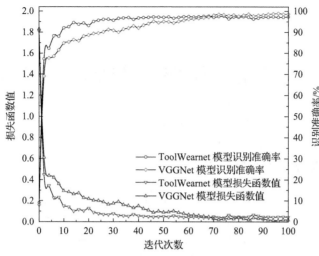

图 4-60　两种模型识别准确率和损失函数值对比图

表 4-9　模型的识别准确率以及训练、识别时间对比结果

网络模型	不同磨损类型的识别准确率/%				平均识别率	训练时间/h	识别时间/s
	黏结磨损	崩刃	前刀面磨损	后刀面磨损			
VGGNet-16	95.95	93.21	91.78	90.92	92.97	32.5	213
ToolWearnet	95.13	92.43	91.56	90.03	92.28	0.5	20

　　与 VGGNet-16 模型相比，ToolWearnet 网络模型的收敛速度较快，且对四种刀具磨损类型的识别准确率略低于 VGGNet-16 网络模型，但 VGGNet-16 网络模型的训练时间和识别时间都比本模型长，说明网络深度越深，网络的学习能力也越强，越能挖掘更深层的特征，但同时也会增加计算量，延长网络的训练时间。所建立的 ToolWearnet 网络模型对刀具磨损类型的平均识别准确率达到 92.28%，虽然本模型识别率略微低于 VGGNet-16 网络模型，但其训练时间和识别时间较短，适用于需要准确而又较快速地识别刀具磨损类型的应用场景。该方法能方便地识别刀具磨损类型和磨损值，为激光加热辅助切削的研究提供理论依据和试验数据，为优化工艺参数和刀具设计选择提供依据。

第5章　激光加热辅助切削难加工材料试验

5.1　氮化硅陶瓷材料加工

5.1.1　氮化硅陶瓷激光加热辅助车削加工

激光加热辅助车削试验系统如图 5-1 所示。试验系统包括 300W 光纤输出及 YAG 连续激光器，激光通过光纤聚焦头入射到工件上。光纤聚焦头通过固定装置安装在溜板箱上，可以方便地调整入射激光与工件的相对位置，并随刀具一同进给，通过指示光调整激光入射位置。将测力仪（Kistler 9256A1）固定在机床跟刀架上，将刀具安装在测力仪平台上。信号经 Kistler5019 放大器放大后，由计算机进行数据采集，通过 DynoWare 软件处理，得到三向切削力的值。

图 5-1　激光加热辅助车削试验系统

工件直径为 10mm，长度为 40mm，加工长度为 10mm，预热时间为 15s。采用机夹式车刀，刀柄为 WIDIACSRNR2525M12，刀片型号为 SNGN120408，前角为-5°，后角为 5°，主偏角为 75°，刃倾角为 0°，刀尖圆弧半径为 0.8mm。选取可以使切削区温度保持在软化温度之上，并且不会对工件性能产生影响的基准参数。采用单因素试验研究不同参数对切削力、刀具磨损、表面质量的影响规律。激光加热辅助车削试验参数及切削力数据如表 5-1 所示，其中试验 1 为基准参数。表中的温度值为所对应的工艺参数采用温度场模型预测得到的切削区温度。

表 5-1　激光加热辅助车削试验参数及切削力数据

序号	P_1/W	n/(r/min)	v_1/(mm/min)	a_p/mm	D_l/mm	l_1/mm	F_c/N	F_p/N	F_f/N	T/℃
1	220	630	12.6	0.2	3	1	9.05	7.58	3.52	1319
2	220	630	12.6	0.1	3	1	4.26	3.88	1	1328
3	220	630	12.6	0.4	3	1	15.2	11.2	8.43	1303
4	220	800	12.6	0.2	3	1	8.11	4.86	2.8	1307
5	220	400	12.6	0.2	3	1	11.6	5.8	3.5	1326
6	220	630	9.5	0.2	3	1	6.3	3.34	2.4	1417
7	220	630	18.9	0.2	3	1	13.08	8.96	5	1176
8	220	630	25.2	0.2	3	1	15.06	10.8	5.81	1089
9	220	630	12.6	0.2	4	1	10.4	8.16	3.23	1261
10	220	630	12.6	0.2	3	2	12.02	8.40	6.27	1150
11	200	630	12.6	0.2	3	1	9.8	8.02	5.21	1136
12	150	630	12.6	0.2	3	1	15.38	15.6	8.48	846
13	120	630	12.6	0.2	3	1	30.03	38.7	19.6	670
14	0	630	12.6	0.05	–	1	31.5	81.2	17.8	–

1. 激光加热软化对切削力的影响

激光加热辅助车削时，切削力不仅与切削用量有关，还受到工件软化程度的影响。切削区温度是反映工件软化程度的参数，受激光参数与切削用量的影响，由于影响切削力的因素复杂，因此难以用经验公式进行估算。激光功率分别为 120W 与 220W 时，切削力随时间的变化规律如图 5-2 所示，激光功率为 120W 时的切削区温度约为 670℃，此时切削区温度低于玻璃化转变温度，材料没有软化，由于工件硬度高，刀具切削刃难于切入，背向力 F_p 大于主切削力 F_c 和进给力 F_f，这是切削脆性材料的共同特点。激光功率为 220W 时，切削区温度约为 1319℃，切削层得到了充分软化，此时背向力小于主切削力，表明此时是塑性切削过程。激光功率对切削力的影响规律如图 5-3 所示，切削力随激光功率的增加而减小。此外，激光移动速度与切削深度增大使切削区温度降低，同时刀具去除材料的体积增加，导致切削力增大。切削区温度随切削深度增大而降低。激光光斑直径的增加减小了入射切削层激光的功率密度，提高了激光-刀具距离，使更多能量通过径向向工件内部传导，从而使切削区温度下降，切削力略有增大。CBN 刀具的硬度（3800～4200HV）高于氮化硅陶瓷硬度（2030HV），因此可以采用 CBN 刀具直接切削氮化硅陶瓷。加工过程中，其背向力远高于主切削力，并且切削过程中振动较大。

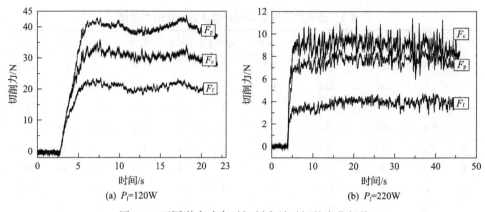

(a) P_1=120W　　　　　　　　　(b) P_1=220W

图 5-2　不同激光功率时切削力随时间的变化规律

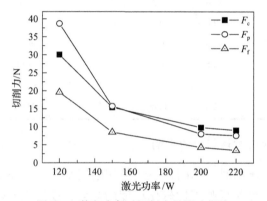

图 5-3　激光功率对切削力的影响规律

比切削能代表去除材料单位体积需要的能量，其值为

$$u_{\mathrm{c}} = \frac{F_{\mathrm{c}}\overline{V}_{\mathrm{w}}}{\mathrm{MRR}} \tag{5-1}$$

式中，u_{c} 为比切削能（J/mm³）；F_{c} 为主切削力（N）；$\overline{V}_{\mathrm{w}}$ 为去除材料的平均速度（mm/s）；MRR 为材料去除率（mm³/s），其值为

$$\mathrm{MRR} = \left(\frac{\pi D^2}{4} - \frac{\pi d^2}{4}\right)v_{\mathrm{f}} \tag{5-2}$$

其中，D 为加工前工件直径（mm）；d 为加工后工件直径（mm）。

　　比切削能增加表明更多的能量作用在刀具及工件表面与刀具接触的位置，会引起刀具磨损增大，工件损伤。采用激光加热辅助切削技术能有效地降低比切削能，增加刀具寿命，减小表面损伤。比切削能随切削区温度的变化规律如图 5-4 所示，随着切削区温度升高，加工状态由脆性转变为塑性，切削需要的能量变小，比切削能降低。当温度超过 1000℃进入塑性切削区域后，比切削能变化很小，因此可以通过比切削能衡量材料去除过程是脆性断裂还是塑性变形。

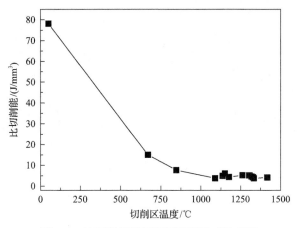

图 5-4　比切削能随切削区温度的变化规律

2. 切屑状态分析

采用扫描电子显微镜观测加工后工件表面及加工过程中产生的切屑，研究加工得到的表面质量并分析加工过程中切屑的产生机理。由于氮化硅陶瓷不导电，测试之前在工件表面喷金，不同激光功率下得到的切屑 SEM 照片如图 5-5 所示。切削区温度较高时，陶瓷中的晶界玻璃相软化，晶粒在玻璃相中流动、重新分布，在切削力的作用下产生与传统金属切削相似的卷曲连续切屑。随着远离切削区，切屑温度下降，玻璃相软化程度下降，无法保持氮化硅晶粒的连接，从而形成单独的切屑。随着激光加热温度的降低，玻璃相软化程度下降，切屑远离切削区后无法保持塑性的状态，随即产生断裂。切屑的尺寸随着温度的降低而减小，如图 5-5 所示。

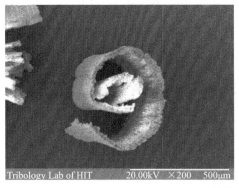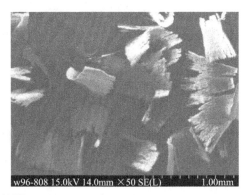

(a) P_1=220W

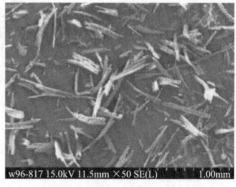

(b) P_l=200W　　　　　　　　　　　(c) P_l=150W

图 5-5　不同激光功率下的切屑 SEM 照片

3. 刀具磨损分析

加工过程中前刀面与后刀面磨损显微图片如图 5-6 所示。PCBN 刀具在高温下具有良好的热物理性能，并且刀具采用负前角，有效地提高了刀刃强度，因此在转变为塑性切削后，刀具磨损很小。切削区温度在高于 1050℃的情况下切削 7.5min 后，前刀面与刀尖图片如图 5-6(a)所示，仅在刀尖处出现很薄的磨损带，磨损很小，VB$_{max}$＜0.05mm。当切削区温度降低到 900℃以下后，材料的流动性变差，并且硬度提高，切削力也随之提高，在塑性流动与脆性挤压的共同作用下，磨损速度加快，加工 1.2min 后的刀具磨损如图 5-6(b)所示。

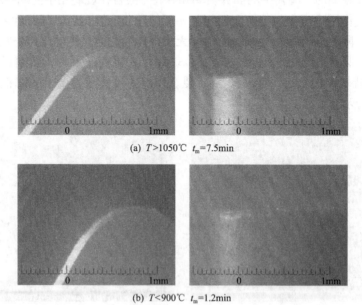

(a) T>1050℃　t_m=7.5min

(b) T<900℃　t_m=1.2min

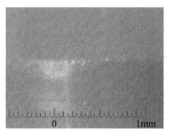

(c) t_m=0.25min

图 5-6　前刀面与后刀面磨损显微图片

采用同样的加工参数，PCBN 刀具可以直接对氮化硅进行加工，加工 0.25min 后刀具的磨损如图 5-6(c)所示。由于工件硬度高，切削性能变差，背向力远大于主切削力，导致刀具径向振动大，应力状态复杂，刀具磨损与崩刃现象严重，副切削刃磨损严重。

4. 加工表面分析

采用基准参数加工得到的工件如图 5-7 所示，其表面粗糙度采用 Taylor Hobson 公司的 PGI 1240 表面粗糙度轮廓仪测量。测量工件表面粗糙度时选取轴向测量，取样长度和评定长度分别为 0.8mm 和 4mm。粗糙度在 0.78~1.21μm 范围内，试验所采用的工艺参数对表面粗糙度没有明显的影响规律。

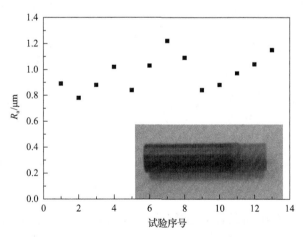

图 5-7　加工工件及其表面粗糙度

采用基准加工参数得到的加工表面与基体表面的 SEM 照片分别如图 5-8 和图 5-9 所示。经过激光加热辅助车削加工的表面可见明显的走刀痕迹，由于玻璃相的软化及在刀具作用下的重分布，可以看到因晶粒脱离而产生的空腔及玻璃相材料下的晶粒，表明加工后的表面是在刀具塑性挤压作用下形成的。陶瓷磨削中的材料脆性去除方式主要有以下几种：晶粒去除、材料剥落、脆性断裂、晶界微破碎等。在晶粒去除过程中，材料是以整个晶粒从工件表面上脱落的方式去除的，通常伴有材料剥落去除方式，因磨削过程中所产生的横向和径向裂纹的扩展而形成局部剥落块。该方式下产生的裂纹扩展会大大降低工件的机械强度。除横向裂纹断裂方式外，材料脆性去除还和破碎有关。磨粒前端和其下面的材料破碎是表面圆周应力和剪应力分布引起的各种形式破坏导致的结果。材料的磨削是金刚石砂轮与脆性材料相互作用的过程，作用过程中，在表面形成磨削光滑区、塑性沟槽、涂敷区和脆性断裂区。

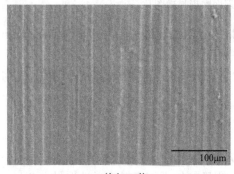

(a) 放大300倍　　　　　　　　　　　　(b) 放大5000倍

图 5-8　经激光加热辅助车削的加工表面 SEM 照片

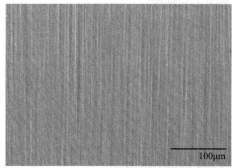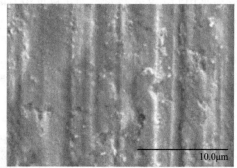

(a) 放大300倍　　　　　　　　　　　　(b) 放大5000倍

图 5-9　基体表面 SEM 照片

　　激光加热辅助车削加工后工件经金刚石锯片切开，抛光后截面的 SEM 照片如图 5-10 所示。在检测的范围内，工件内部不受激光与刀具作用影响，加工后的表面内部没有微裂纹产生。激光加热辅助车削氮化硅的试验结果表明，采用选择的参数进行切削试验可以有效地降低切削力，减小刀具磨损，脆性转变为塑性并且表面粗糙度减小。因此，由切削区温度入手进行工艺参数选择的思路是可行的，通过仿真研究不仅可以减小试验量，降低试验成本，还可以达到优化工艺参数、提高加工效果的目的。

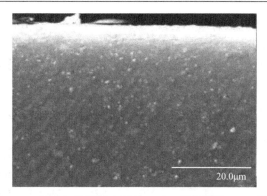

图 5-10　激光加热辅助车削加工后工件截面的 SEM 照片

5.1.2　氮化硅陶瓷激光加热辅助铣削加工

激光加热辅助铣削试验系统如图 5-11 所示，包括改造的数控铣床，300W YAG 光纤输出激光器，激光头通过装夹装置固定在立铣头上，可以调整激光的入射位置与激光光斑直径的大小。工件通过隔热材料固定在测力仪（Kistler 9257B）上，测力仪装夹在工作台上，电压信号经电荷放大器（Kistler 5019）通过数据采集卡输入计算机，采样频率为 25kHz。选用长为 17mm、宽为 4mm、高为 10mm 的热压烧结氮化硅陶瓷工件进行激光加热辅助铣削试验，刀具直径为 32mm，激光光斑直径为 4mm。激光沿 X 方向入射，入射角度为 53°，采用机夹式立铣刀，铣刀直径为 32mm，刀片型号为 APMN160408，激光光斑中心与铣刀边界距离为 3.5mm。

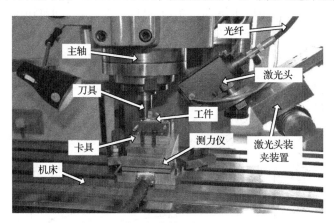

图 5-11　激光加热辅助铣削试验系统

1. 氮化硅陶瓷激光加热辅助铣削试验分析

以保证切削区最低温度达到软化温度为前提选择工艺参数进行试验，工艺参数及测量的切削力如表 5-2 所示，温度为采用对应工艺参数仿真得到的结果。在试验中测力仪直接测量 x、y、z 三向力，其中 y 向垂直于工作台进给方向，x 向与进给方向平行，z 向垂直于工作台面。铣削力数据经中值与低通滤波后，将每个切削周期切削力峰值的平均值作为切削力的数值。

表 5-2　激光加热辅助铣削工艺参数及测量的切削力

序号	P_1/W	v_c/(m/min)	v_f/(mm/min)	f_z/mm	a_p/mm	F_x/N	F_y/N	F_z/N	T/℃
1	100	59.3	11.8	0.02	0.25	31.34	58.24	56.86	1082
2	140	59.3	11.8	0.02	0.25	26.25	38.12	34.70	1214
3	160	59.3	11.8	0.02	0.25	24.44	34.49	29.16	1268
4	180	59.3	11.8	0.02	0.25	23.67	28.69	24.49	1317
5	200	59.3	11.8	0.02	0.25	19.09	24.08	19.42	1363
6	140	42.7	8.5	0.02	0.25	31	37.55	32.5	1220
7	140	80.4	16	0.02	0.25	40.95	43.15	42	1205
8	140	59.3	5.9	0.01	0.25	24.3	32.85	27.5	1216
9	140	59.3	17.7	0.03	0.25	41.47	53.42	50.27	1210
10	140	59.3	11.8	0.02	0.15	18.76	24.68	23.71	1213
11	140	59.3	11.8	0.02	0.35	32.17	48.61	48.09	1212

激光功率对切削力的影响规律如图 5-12 所示。由于工件宽度相对铣刀直径较小，主切削力与 y 向力基本相等，在三向力中最大，表明是塑性的切削过程。随着激光功率的增加，切削区温度升高，材料软化程度增加，强度、硬度随之降低，刀具对工件的冲击作用下降，切削力明显减小。另外，在进给量不变的情况下提高切削速度的同时进给速度也增加，使切削区温度降低，同时切削速度的增加使刀具对工件的冲击增加，导致切削力峰值的平均值增大。进给量增加，切削层尺寸增加，同时切削区温度降低，导致切削力增加。

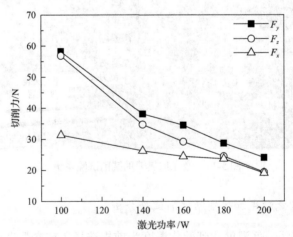

图 5-12　激光功率对切削力的影响规律

激光加热辅助铣削过程中切屑的 SEM 照片如图 5-13 所示,随激光功率增加,切削区温度升高,材料的黏塑性增强,切屑逐渐连续。切屑局部放大的 SEM 照片如图 5-13(c)、(d)所示,得到与激光加热辅助车削相似的结构,层间可以看见明显的晶粒,其形成机理与激光加热辅助车削氮化硅陶瓷相同。

(a) P_1=100W　　　　　　　　　(b) P_1=180W

(c) 刀具接触面放大图　　　　　(d) 卷曲面放大图

图 5-13　激光加热辅助铣削产生切屑的 SEM 照片

激光加热辅助铣削工件表面 SEM 照片如图 5-14 所示,在加工的表面可见明显的走刀痕迹,没有裂纹产生。通过放大照片可以发现其表面光滑,是软化的晶间玻璃相在刀具的作用下附着在加工后工件的表面,工件冷却后均匀分布在工件表面,下面有明显的晶粒突起,还有由于晶粒脱离而形成的空腔。

(a) 放大300倍　　　　　　　　　(b) 放大5000倍

图 5-14　激光加热辅助铣削工件表面 SEM 照片

激光加热辅助车削形成的表面与铣削形成的表面略有不同,在工件表面可以清晰地看见表面散落的晶粒，表面无光滑的覆盖物。产生不同的原因是在激光加热辅助车削中，工件高速旋转，工件局部表面受到激光入射的时间很短，并且材料去除区域由加热到被去除的时间很短，切削层以下的温度较低。而在激光加热辅助铣削加热过程中，刀具高速旋转，工件静止不动，因此在激光加热的过程中作用于局部材料的时间长，导致激光光斑入射位置在一定深度内温度都很高，玻璃相的黏性降低，流动性大大增强，更容易填充入晶粒之间，形成较为光滑的表面。加工后工件截面的 SEM 照片如图 5-15 所示。在检测的范围内刀具冲击及激光引起的热应力没有对表面造成损伤，加工后的表面及亚表面不产生微裂纹。

(a) 放大250倍　　　　　　　　　　　　　　(b) 放大2000倍

图 5-15　工件截面的 SEM 照片

由于激光光斑范围内局部材料的温度很高，可能会对加工后的工件物相带来影响，采用基准工艺参数加工的工件如图 5-16 所示，采用 D/max-rB 旋转阳极 X 射线衍射仪进行分析，并与磨削得到的基体进行对比，得到的 X 射线衍射分析图如图 5-17 所示。代表 β 相的氮化硅是工件的主要成分，并且加工后的物相组成与基体相同。由于加工时氮化硅晶粒在刀具的作用下在软化的玻璃相中发生流动，晶粒重新分布，并在冷却的过程中被玻璃相覆盖，导致加工后样品表面 $\beta\text{-Si}_3\text{N}_4$ 晶粒的取向与基体不同，检测得到的峰值略有不同。

图 5-16　采用基准工艺参数加工的工件

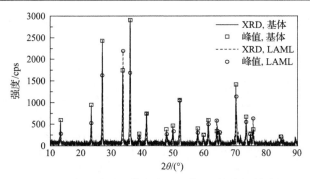

图 5-17　氮化硅陶瓷基体与加工工件 X 射线衍射分析图

　　用轮廓仪测量加工后的工件表面质量良好，未发现因刀具冲击而产生的裂纹。加工工件的表面粗糙度如图 5-18 所示，试验采用的工艺参数对工件表面粗糙度没有明显的影响规律，粗糙度 R_a 为 $0.17\sim0.26\mu m$。晶粒间的玻璃相在高温下是流动的，加工后冷却过程中填充了加工过程中由于晶粒抛出而形成的空腔并在刀具挤压的作用下留在工件表面，改善了加工效果，表面粗糙度减小。

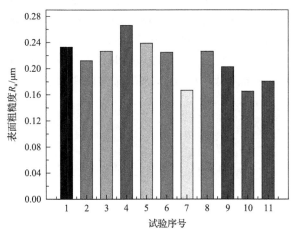

图 5-18　加工工件的表面粗糙度

　　采用维氏硬度计测量了加工后工件表面与基体的硬度，载荷为 5kg，保压时间为 15s，分别得到金刚石压痕的显微镜照片如图 5-19 所示。在不同的位置取三点测量，通过式 (5-3) 计算得到加工工件表面与基体的维氏硬度平均值分别为 1707HV 与 1752HV。由于激光加热及刀具的作用，激光加热辅助铣削得到的工件晶粒重新分布，缺少在陶瓷热压烧结过程中高温保压的过程，其硬度略低于基体硬度，但仍保持较高的硬度，具体表示为

$$HV = 1.8544\frac{F}{d_c^2} \tag{5-3}$$

式中，HV 为维氏硬度值(kgf/mm^2)；F 为试验力 (kgf) (1kgf=9.80665N)；d_c 为压痕对角线平均长度(mm)。

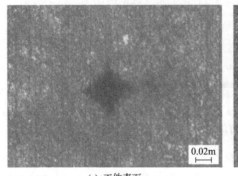 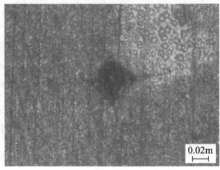

(a) 工件表面　　　　　　　　　　　　　　(b) 基体

图 5-19　金刚石压痕的显微镜照片

　　激光加热辅助铣削过程中的刀具磨损显微照片如图 5-20 所示。在激光加热辅助铣削过程中，由于刀具与工件间断的动态冲击作用，刀具磨损比较严重，尤其在激光功率较低、切削区温度较低时。激光功率在 140W 以下加工 14mm 后的刀具磨损情况如图 5-20(a)所示，VB$_{max}$=0.13mm，前刀面磨损较轻，主要是后刀面磨损。经过刀具的初期磨损及切削区温度较低时较为严重的冲击过程，随着切削区温度升高，刀具磨损逐渐降低。在激光功率较高的试验中，加工 105mm 后刀具磨

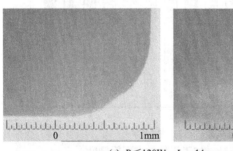 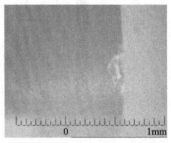

(a) $P_l \leqslant 120$W，L_{cut}=14mm

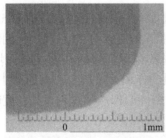 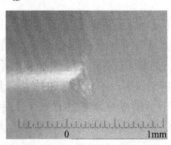

(b) $P_l > 120$W，L_{cut}=105mm

图 5-20　激光加热辅助铣削加工过程中的刀具磨损显微照片

损如图 5-20(b)所示，VB$_{max}$=0.21mm。因此，通过激光加热的方法提高切削区温度可以有效地降低刀具磨损，提高刀具寿命。

2. 边缘碎裂分析

1)工艺参数对边缘碎裂的影响规律

陶瓷加工过程中，当刀具突然接触或者离开陶瓷工件时，工件边缘会产生碎裂或者剥落，这种损伤形式称为边缘碎裂。边缘碎裂现象由于随机性大、难以控制，成为工程陶瓷等脆性材料的加工难题，不仅能破坏陶瓷元件的几何精度，而且极易导致陶瓷元件在使用过程中因产生微裂纹扩展而突然失效。因此，减轻或消除陶瓷加工过程中的边缘碎裂对提高陶瓷元件的加工质量、降低加工成本具有重要意义。

在激光加热辅助铣削的过程中，由于激光加热作用，局部材料由脆性转变为塑性，刀具冲击减轻，入口与内部边缘碎裂现象不明显。但出口处缺少材料的支撑导致出口边缘发生碎裂现象，其宽度定义如图 5-21 所示。将边缘轮廓中相邻的两个尖峰点之间定义为一段碎裂，每段碎裂轮廓中距离边缘最远的距离定义为碎裂长度。工件顶面与侧面的碎裂长度不同，分别为侧面边缘碎裂长度 h 与顶面边缘碎裂宽度 w。不同激光功率加工得到的工件边缘碎裂图片如图 5-22 所示。激光功率增加使切削力降低，材料塑性提高，导致边缘碎裂长度减小。

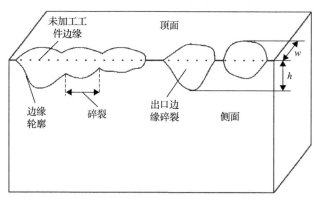

图 5-21　边缘碎裂宽度定义示意图

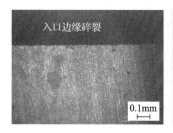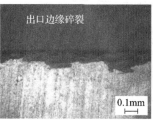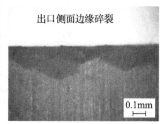

(a) P_1=140W

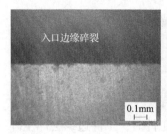
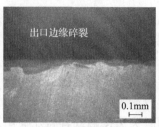
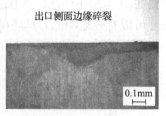

(b) P_1=180W

图 5-22　不同激光功率时工件的边缘碎裂图片

在加工的范围内取五个边缘碎裂严重位置的顶面宽度与侧面长度的平均值，得到工艺参数对边缘碎裂的影响规律如图 5-23 所示。随着激光功率增加与进给量减小，切削区温度升高，切削力降低，材料强度降低，导致边缘碎裂长度减小。切削深度对切削区温度影响较小，氮化硅材料强度不变，切削力随切削深度增加而增大，导致边缘碎裂增加。

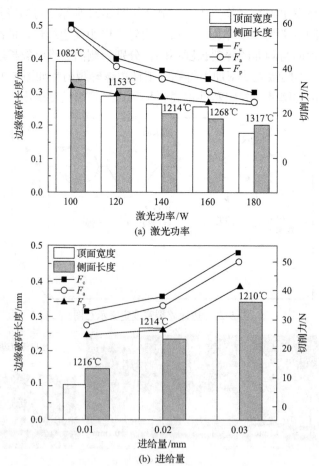

(a) 激光功率

(b) 进给量

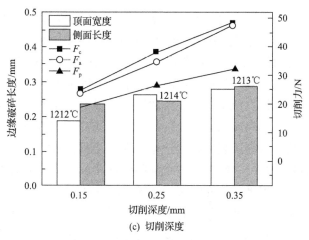

图 5-23　工艺参数对边缘碎裂的影响规律

2) 激光加热辅助铣削过程中边缘碎裂形成机理

当未考虑工件初始气孔、微裂纹等缺陷的情况下,边缘碎裂的程度主要取决于两个方面,即材料所受的载荷应力与材料自身的断裂韧性。在激光加热辅助铣削中,温度升高引起氮化硅陶瓷组织的改变,影响材料的硬度、弹性模量、强度与断裂韧性。氮化硅陶瓷高温物理性能随温度变化的示意图如图 5-24 所示。

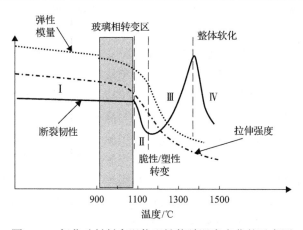

图 5-24　氮化硅材料高温物理性能随温度变化的示意图

氮化硅陶瓷的弹性模量随温度升高而降低,温度达到玻璃相转变区后,弹性模量迅速减小。材料断裂韧性与弹性模量及临界机械能释放率的关系为

$$K_C = \sqrt{2 G_C E'} \tag{5-4}$$

式中,K_C 为断裂韧性 $(\mathrm{MPa \cdot m^{1/2}})$;$G_C$ 为临界机械能释放率 $(\mathrm{MPa \cdot m})$;E' 为弹性

模量 E 的函数，对于平面应力条件，$E'=E$；对于平面应变条件，$E'=E/(1-\nu^2)$，ν 为泊松比。G_C 与 E 随温度升高而减小，因此材料的断裂韧性也减小。当温度超过玻璃化转变温度时，弹性模量迅速减小，材料断裂韧性也下降得很快，如图 5-24（阶段 Ⅰ、Ⅱ）所示。随着温度升高，当温度达到脆性/塑性转变温度后，断裂韧性会有增大的现象（阶段 Ⅲ）。产生这种现象的原因是裂纹尖端区域发生韧化现象，玻璃相的软化使晶粒在其间流动产生微裂纹，使产生破坏作用的裂纹扩展产生偏转、分叉，能量被消耗，减缓了裂纹扩展速率，提高了断裂韧性。当温度达到材料完全转变为塑性后（阶段 Ⅳ），能量通过在缺陷附近晶粒的黏弹性流动消散，由初始裂纹扩展变得越来越困难，从而断裂韧性随温度升高而下降。

因此，在激光加热辅助铣削中影响边缘碎裂主要有两个机理：随温度升高而减小的切削力引起的软化机理及由温度变化引起断裂韧性变化的韧性机理。当温度低于玻璃化转变温度时，边缘碎裂主要通过软化机理降低。当温度超过玻璃相软化温度但是低于脆性/塑性转变温度时，断裂韧性随温度升高而降低，对边缘碎裂有相反的影响。当温度高于脆性/塑性转变温度并且低于整体软化温度时，软化与韧性机理对边缘碎裂的影响都是正向的，都会使边缘碎裂降低，这个温度范围是适合激光加热辅助铣削的最佳温度范围。当温度高于整体软化温度时，氮化硅显示出黏塑性特性，强度随温度下降，断裂韧性与边缘韧性也降低得很快，此时针对材料的断裂韧性测量结果已经无法体现材料自身的性能，此时的边缘碎裂状态将有所不同。

温度场仿真结果表明，所选工件参数的切削区温度范围为 1080～1350℃。在加工试验中，当激光功率为 100W 时，处于玻璃相转变区（阶段 Ⅰ），此时材料硬度高，还没有完全转换为塑性，因此碎裂宽度较大。当激光功率为 120～160W 时，氮化硅性能处于阶段 Ⅱ，断裂韧性随温度的升高而减小，会导致边缘碎裂增加，但是随着温度升高，软化机制也发生变化。试验结果表明，随着激光功率增加，碎裂宽度明显减小，说明材料软化能够明显克服断裂韧性降低引起的负面影响，此时软化机理占主导地位。两者耦合的影响减少了边缘碎裂，但是碎裂宽度减小较少。当激光功率达到 180W 时，切削区温度处于阶段 Ⅲ，在软化与韧性机理正向的影响下，边缘碎裂宽度再次出现显著的减小。

5.2　铝基复合材料加工

试验所用材料为 45%SiC$_p$/LD11 复合材料棒料，增强体颗粒大小为 5μm，均匀分布于 LD11 铝合金基体中，激光加热辅助车削试验使用的加工工件为直径 60mm、长度 100mm 的圆棒料，每次加工长度为 8mm，激光照射方向选用激光与切削刀具进给方向夹角为 35°，激光光斑沿圆周方向照射在刀具进给方向的前 3mm 处，预热时间为 12s，切削过程不添加任何冷却剂。刀具前角为 0°，后角为 7°，主偏角为 75°，刃倾角为 0°，刀尖圆弧半径为 10μm。

为了防止颗粒增强铝基复合材料在激光加热过程中发生热损伤，激光加热点区的温度要严格控制在 450℃以下。通过试验研究工艺参数对切削力、比切削能、刀具磨损、表面完整性的影响规律。激光加热辅助切削 45%SiC$_p$/Al 复合材料时，随着切削温度从室温升到 220℃、320℃、420℃，主切削力 F_c 降低了 20%、33%、39%，进给力 F_f 和背向力 F_p 也有类似的规律，如图 5-25 所示。随着温度升高，位错缠结越来越少，位错运动的阻力越来越低，促进位错运动，降低材料变形所需的能量。随着温度升高，复合材料基体铝合金内沉淀强化相开始熔化，数量越来越少，强化相对铝合金的强化效应越来越弱，复合材料强度、硬度降低，降低了切削力。同时，由于激光加热导致材料基体塑性变形产生的热量减少，流动应力减小，减小了切削力。

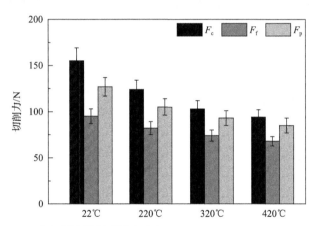

图 5-25　三向切削力随温度的变化（v_c=40m/min, f=0.10mm/r, a_p=0.5mm）

常规加工与激光加热辅助切削切削力随切削时间的变化规律如图 5-26 所示，在常规切削过程中，从切削开始很短的时间内，背向力增加的速度非常快，表明刀尖在短时间内受到颗粒的磨粒作用而磨钝。刀具磨损后需要更大的背向力才能将增强体颗粒压入基体，刀具以耕犁和撕裂方式去除复合材料，从而引起更加剧烈的塑性变形及作用力。在激光加热辅助切削复合材料过程中，三个方向的切削力随着切削时间增加得非常缓慢，激光加热使材料的屈服强度以及界面结合强度明显降低，作用于刀具上的应力更小，刀具的使用寿命明显提高，加工亚表面的破坏深度明显降低。

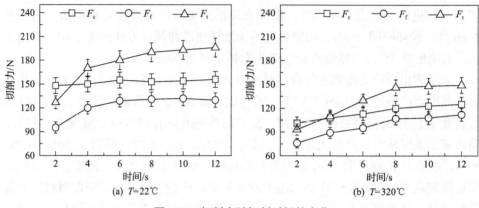

图 5-26　切削力随切削时间的变化

比切削能随切削温度的变化规律如图 5-27 所示，随着温度的升高，比切削能逐渐降低，当温度升高到 320℃时，比切削能较常温时降低 25%。激光加热切削过程中比切削能降低，会减小作用于刀具上的应力，增加刀具的使用寿命，降低亚表面的损伤深度。

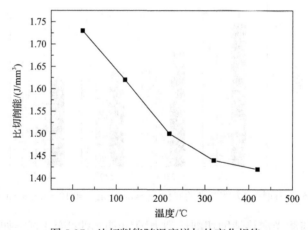

图 5-27　比切削能随温度增加的变化规律

不同工艺参数下获得的切屑的形貌如图 5-28 所示，切削速度为 40m/min 时切屑呈节状，随着温度的升高，切屑的尺寸有小幅的增加。常规低速切削（40m/min）时，复合材料以较大的脆性方式变形，此过程中温度和应变率对脆性变形方式的影响较小，增强体颗粒也很难发生移动，基体发生剧烈的不均匀变形并且产生大量孔洞，这些促使了锯齿形切屑的形成。随着切削速度提高到 90m/min，得到的切屑呈现更大半径的节状，随着温度升高，节状屑的长度和厚度均增加，开始呈C 形并且逐渐向大半径节状转变，切屑的厚度近似等于剪切区的长度。随着切削速度和温度的进一步提高，能够观察到更长的切屑，尤其是当温度升高到 320℃

时。切屑形状的变化是由于复合材料物理力学性能的变化，其中温度的升高、复合材料的硬度和脆性降低，是导致切屑和刀具的接触长度增加的主要原因。

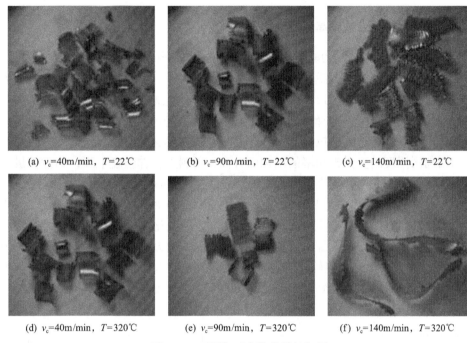

(a) v_c=40m/min, T=22℃　　(b) v_c=90m/min, T=22℃　　(c) v_c=140m/min, T=22℃

(d) v_c=40m/min, T=320℃　　(e) v_c=90m/min, T=320℃　　(f) v_c=140m/min, T=320℃

图 5-28　不同加工参数获得的切屑

不同温度下切屑根形貌如图 5-29 所示，在切屑形成过程中，增强体颗粒沿剪切平面堆积使变形切屑分成多层，随着温度的升高，增强体颗粒运动越来越容易，使得颗粒堆积现象越来越显著。随着温度的升高，剪切变形区材料的变形强度越来越低，作用在颗粒上的应力也越来越小，激光加热切削得到的切屑根内的断裂颗粒更少。

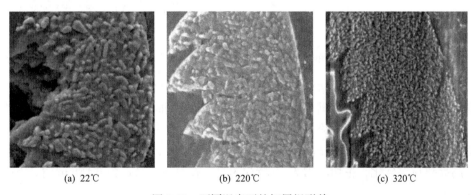

(a) 22℃　　　　　　　(b) 220℃　　　　　　　(c) 320℃

图 5-29　不同温度下的切屑根形貌

5.3　高温合金材料加工

5.3.1　激光加热辅助铣削高温合金 K24 试验

镍基铸造高温合金 K24 工件尺寸为 40mm×5mm×55mm，采用此工件进行激光加热辅助铣削试验。激光沿 x 方向入射，入射角度为 45°，激光光斑直径为 D_1=3mm。采用方肩面铣刀，铣刀直径为 80mm，激光光斑中心与铣刀边界距离为 2mm。根据仿真结果，选择合理的工艺参数进行激光加热辅助铣削加工，以保证切削区最低温度能达到抗拉强度、弹性模量及剪切模量的温度。

切削区温度随着激光功率的增加而升高，材料的拉伸强度下降，弹性模量和剪切模量减小，三向力均有不同程度的降低。工艺参数 n=320r/min，f_z=0.17mm，a_p=0.2mm 时切削力随激光功率变化的规律如图 5-30 所示。当激光功率为 180W 时，常规铣削与激光加热辅助铣削情况下切削力的变化情况如图 5-31 所示。常规铣削时，由于镍基铸造高温合金 K24 硬度很高，切削刃难以切入，背向力 F_p 大于主切削力 F_c，而激光加热软化了材料，使得背向力 F_p 明显降低且小于主切削力 F_c。与常规铣削相比，进给力 F_f 降低了 60.8%，主切削力 F_c 下降了 33.3%，背向力 F_p 下降了 68.4%，有利于提高刀具寿命。

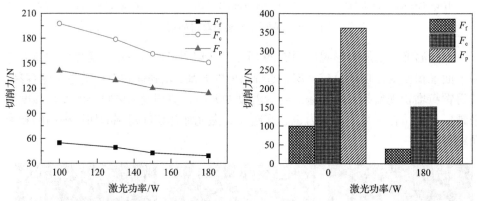

图 5-30　激光功率对切削力的影响规律　　图 5-31　常规铣削与激光加热辅助铣削切削力对比

激光移动速度随每齿进给量的增加而提高，切削区域温度降低，抗拉强度下降幅度降低，弹性模量和剪切模量减小程度下降，同时切削层的厚度增加，切削力增大。切削力随每齿进给量的变化规律如图 5-32 所示。结果表明，激光加热后切削力明显降低，进给力 F_f 及背向力 F_p 下降约 60%，主要原因是工件局部温度升高导致材料软化，主切削力 F_c 下降约 30%，在每齿进给量为 0.15mm 时，下降幅度最大。

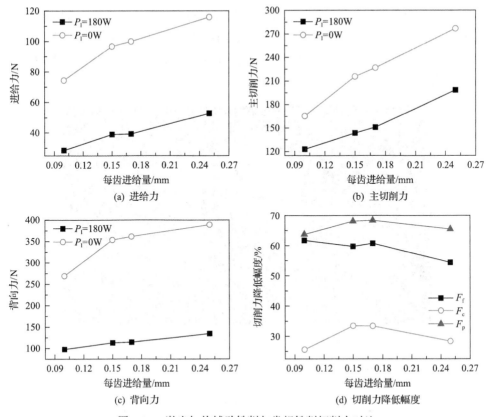

(a) 进给力　　　　　　　　　　　(b) 主切削力

(c) 背向力　　　　　　　　　　(d) 切削力降低幅度

图 5-32　激光加热辅助铣削与常规铣削切削力对比

　　加工后得到的工件表面 SEM 照片如图 5-33 所示,可以从图中看到加工表面有明显的走刀痕迹,加工表面光滑。

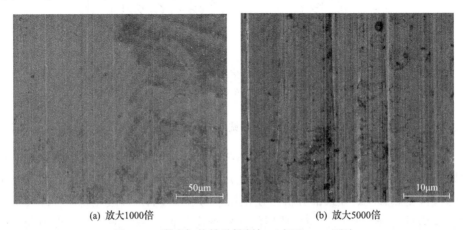

(a) 放大1000倍　　　　　　　　　(b) 放大5000倍

图 5-33　激光加热辅助铣削加工表面 SEM 照片

　　通过激光共聚焦显微镜测量加工后工件表面轮廓如图 5-34 所示，测量得到的表面粗糙度如图 5-35 所示。结果表明，表面粗糙度无明显变化规律，粗糙度 R_a 为 $0.36\sim0.56\mu m$，满足要求。工件在高温下局部软化，抗拉强度降低，弹性模量及剪切模量减小，表面粗糙度较小。

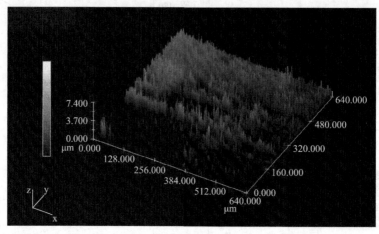

图 5-34　激光加热辅助铣削 K24 合金表面轮廓图

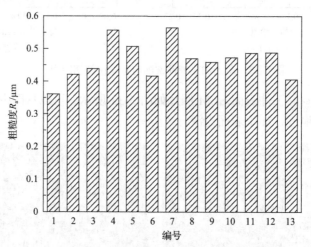

图 5-35　激光加热辅助铣削加工工件表面粗糙度

　　加工前、后组织的 SEM 照片如图 5-36 所示，加工前组织的固溶强化相形状规则整齐、尺寸较小，但加工后固溶相尺寸有变大趋势，规则程度降低。加工后的材料受热影响，导致部分析出强化相 γ′固溶回基体，硬度增加。上部和下部的晶粒均具有伸长特征，与变质层的晶粒形态相似，表明加热的过程中会产生变质层。

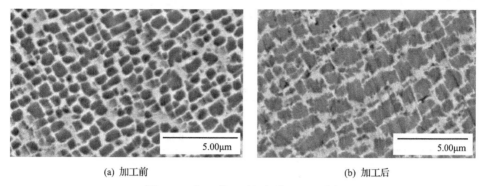

(a) 加工前　　　　　　　　　　　　　　　(b) 加工后

图 5-36　加工前、后组织的 SEM 照片

　　图 5-37 为加工后截面 SEM 能谱分析的位置及元素含量示意图，对表 5-3 中元素含量进行对比，发现所含主要元素相同，且元素含量差异较小。而合金基体中不同位置元素含量却不尽相同，应用 SEM 线扫描获得基体元素含量如图 5-38 所示。由图可知，元素含量在一定范围内有波动，表明合金中元素分布不均，某

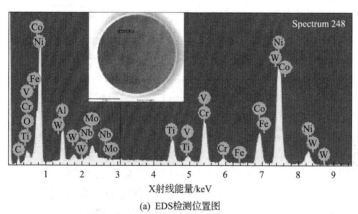

(a) EDS检测位置图

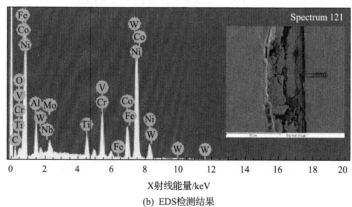

(b) EDS检测结果

图 5-37　基体 EDS 分析

表 5-3 表面 EDS 分析

		C	O	Al	Ti	W	Cr	Co	Ni	Mo
基体元素	质量百分比/%	4.99	1.32	4.30	4.23	1.93	10.17	13.81	53.45	4.00
	原子百分比/%	19.21	3.81	7.37	7.37	0.48	9.03	10.83	42.06	1.93
加工截面元素	质量百分比/%	6.81	0.84	4.24	3.72	1.89	9.41	13.61	54.07	3.69
	原子百分比/%	25.06	2.33	6.95	3.44	0.45	8.00	10.21	40.72	1.70

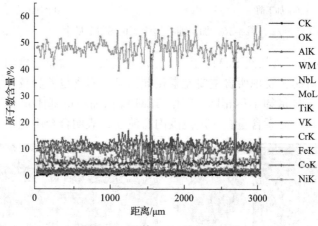

图 5-38 基体 SEM 线扫描结果

些位置元素含量变化幅度较大，这是由于基体在制造过程中存在缺陷。基体与加工后截面能谱比较表明，表面元素加工后含量基本不变，加热基本不影响材料成分。

在激光加热作用下，用维氏硬度仪对加工截面进行检测，检测结果如图 5-39 所示，随着激光功率的增大，变质层的厚度略有增加，常规切削时变质层厚度约为 34μm，激光加热辅助铣削加工时变质层厚度约为 47μm。

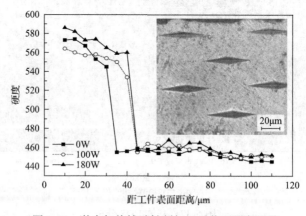

图 5-39 激光加热辅助铣削加工后截面硬度测量

5.3.2　激光加热辅助铣削高温合金 GH4698 试验

主切削力随激光监测点温度的变化如图 5-40 所示，高温合金材料在激光作用下变软，硬度下降，主切削力显著降低，且主切削力随温度的升高而降低。当激光光斑监测点温度加热至 600℃，切削参数 f_z=0.04mm，v_c=109.2m/min 时，切削力的变化曲线如图 5-41 所示。切削力与切削深度成正比，因为切削深度越大，刀具和工件的接触宽度就越大，使要被切除金属的面积增大，刀具与工件之间的摩擦会增大；同时热量由上往下传递，切削深度的增加使下层金属的温度比上层的低，下层金属的抗拉强度增大，切削力随之提高。常规铣削加工时，由于材料的硬度高，刀具的磨损大，激光加热之后材料变软，切削力大大降低。

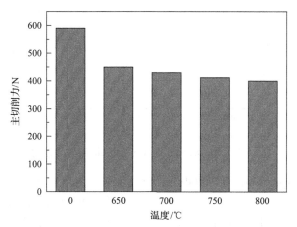

图 5-40　主切削力随温度的变化情况

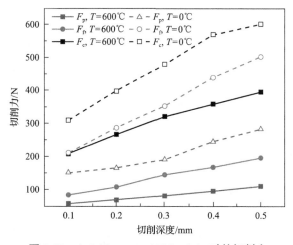

图 5-41　f_z=0.04mm，v_c=109.2m/min 时的切削力

当工件被加热到 600℃，切削参数为 a_p=0.3mm，v_c=109.2m/min 时，切削力随

每齿进给量变化，如图 5-42 所示。每齿进给量 f_z 对切削力的影响较小，但有逐渐增大的趋势。随着每齿进给量的增加，每齿切削的金属厚度增大，切削力越高；激光的移动速度取决于每齿进给量的大小，每齿进给量越大，激光照射在工件表面的移动速度越快，激光加热工件的时间越短，工件的温度越低，工件软化程度越差，切削力越大。激光加热改变了材料的切削性能，使切削力大大降低。

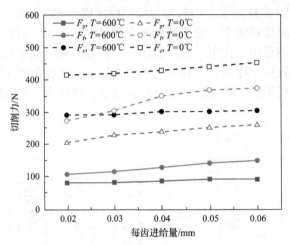

图 5-42 a_p=0.3mm, v_c=109.2m/min 时的切削力

图 5-43 为 a_p=0.5mm, f_z=0.04mm, T=600℃条件下，切削速度对切削力的影响曲线，在无激光加热的情况下，切削力大于激光加热辅助铣削的切削力。切削力在两种情况下均与切削速度成反比，但是随着切削速度的增加，数值减小的幅度降低，可以认为基本不变。切削速度的增加和激光的照射使切削区域温度升高，加速软化，改善了切削性能，降低了切削力。

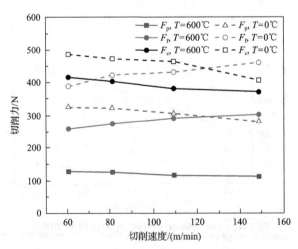

图 5-43 a_p=0.5mm, f_z=0.04mm 时的切削力

采用正交试验得到的结果如表 5-4 所示，采用多元线性回归方法求解公式中的未知数，进而得到激光加热辅助铣削的切削力公式：

$$F_f = 10^{2.1207} T^{0.0654} f_z^{-0.0938} v_c^{0.0472} a_p^{0.6733}$$

$$F_c = 10^{3.6028} T^{-0.1604} f_z^{0.2660} v_c^{-0.0654} a_p^{0.4860} \qquad (5\text{-}5)$$

$$F_p = 10^{3.6903} T^{-0.1925} f_z^{0.1700} v_c^{-0.1883} a_p^{0.3100}$$

表 5-4　切削力的正交切削试验结果

序号	温度/℃	每齿进给量/mm	切削速度/(m/min)	切削深度/mm	进给力/N	主切削力/N	背向力/N
1	500	0.05	60.2	0.2	85.2	237.7	210.2
2	500	0.1	109.2	0.4	160.5	360.5	340.3
3	500	0.15	148.2	0.5	175.2	450.4	350.5
4	500	0.20	200.9	0.6	250.9	550.7	332.6
5	700	0.15	60.2	0.4	183.7	419.5	305.7
6	700	0.20	109.2	0.2	97.4	292.8	277.8
7	700	0.05	148.2	0.6	253.8	387.4	313.4
8	700	0.10	200.9	0.5	145.0	395.0	180.3
9	800	0.2	60.2	0.6	157.2	475.9	352.2
10	800	0.15	109.2	0.6	179.8	470.2	362.8
11	800	0.10	148.2	0.2	125.6	258.3	237.5
12	800	0.05	200.9	0.4	223.2	262.9	249.1
13	600	0.10	60.2	0.6	325.4	510.4	483.2
14	600	0.05	109.2	0.5	190.3	305.7	277.5
15	600	0.20	148.2	0.4	137.5	410.9	357.6
16	600	0.15	200.9	0.2	125.8	298.1	248.0

切削力回归模型的方差的分析结果如表 5-5 所示，由回归方程显著性检验效果（ANOVA 输出表）可知，$p(=0) < \alpha(=0.05)$，说明在显著性水平 $\alpha = 0.05$ 下，所求得的回归方程是显著的。从回归系数检验输出来看，自变量温度、转速、切削深度、进给量的 p 值均小于 $\alpha = 0.05$，故这四个因子均为显著性因子。其对切削力的影响程度为：切削深度＞进给量＞转速＞温度。因为 R^2（预测）和 R^2（调整）一致性较好，该模型具有可靠性。所以要想获得较小的主切削力，切削深度和进给量的值要小，其次是要求较高的温度和适当的转速。

表 5-5　切削力的方差分析

来源	自由度	连续平方和	调整平方和	F 值	p 值
温度	3	2430	2430	39.57	0.007
切削速度	3	5958	5958	97.00	0.002
切削深度	3	90590	90590	1474.8	0.000
进给量	3	41169	41169	670.23	0.000
		R^2（预测）=99.96%	R^2（调整）=99.78%		

　　在温度为 300～1000℃，铣削参数为 a_p=0.2mm，v_c=109.2m/min 时表面粗糙度的变化如图 5-44 所示，温度为 300～800℃时，表面粗糙度随温度升高而增大，并且在 0.417～0.132μm 变化。由于高速切削时，产生的热量还没来得及向工件传导就被切屑带走，工件获得的热量极少，从而减小了高温合金的塑性变形量和粗糙度。此外，随着温度的升高，切屑在高温下变软，其与刀具的摩擦系数呈减小的趋势，整个切削过程振动较小，切削稳定性好，工件表面粗糙度也会有减小的趋势。但当温度超过 800℃时，刀具的切削性能下降，过高的温度会烧蚀材料，增大材料的表面粗糙度。

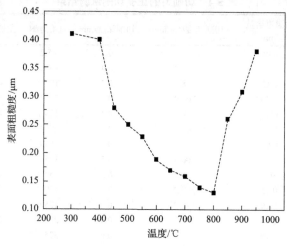

图 5-44　激光加热辅助铣削加工粗糙度随温度变化曲线

　　铣削前后工件的能谱分析如图 5-45 所示，由能谱图得出激光加热辅助铣削前后工件所含元素差异很小。其原因在于高温合金生产时流动不均匀，造成合金中元素成分不能在基体中均匀分布，温度高的位置元素含量低，温度低的位置元素含量高。激光加热后工件中氧元素的含量升高，说明加热过程中工件被氧化，但

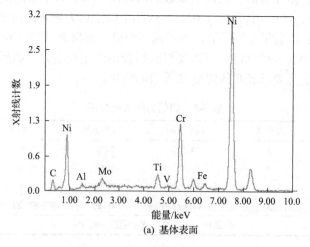

(a) 基体表面

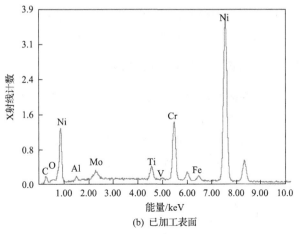

(b) 已加工表面

图 5-45　工件表面能谱分析

是不影响工件的切削性能。对比激光加热前后元素的含量可以得出，激光加热对基体无影响，不会改变基体的化学成分。

　　无激光加热和激光加热的 SEM 照片如图 5-46 所示，在较大的切削深度（a_p=0.6mm）下，无激光加热的铣削表面有划伤，而经过激光加热的铣削表面，纹

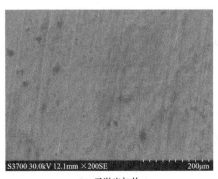

(a) 无激光加热

(b) 激光加热600℃

(c) 激光加热800℃

图 5-46　不同激光功率下的表面质量

理清晰，可以明显地看到走刀痕迹；表面粗糙度随着温度的升高越来越小，表面质量越来越好。由此表明，控制激光加热温度可以提升工件表面加工质量。

5.3.3　激光加热辅助铣削高温合金 Inconel 718 试验

以每齿进给量 0.025mm、径向切深 0.3mm 为工艺参数，采用不同的激光加热温度与切削速度，得到的切削力随温度的变化如图 5-47 所示。切削区温度随着激光功率的增大而升高，材料的切削性能得到改善，主切削力有一定程度的降低，并且随温度升高而降低。与常规铣削相比，激光加热对切削力的降低作用更显著。

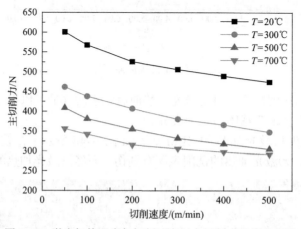

图 5-47　激光加热温度与切削速度对主切削力的影响规律

常规铣削高温合金 Inconel 718 时，材料硬度高，刀具磨损大，产生了较大的径向切削力。激光预热后材料软化，切削力大大降低。当激光预热温度过低时，材料软化效果不明显，切削力降低效果较差；当激光预热温度过高时，切削区域因热量太高会使刀具产生剧烈的热磨损，降低刀具寿命与加工质量，因此适合进行铣削加工的温度在 500℃左右。

以每齿进给量 0.025mm、径向切深 0.3mm 为工艺参数，采用不同激光加热温度、切削速度下主切削力随切削速度的变化规律如图 5-48 所示。在常规铣削中，主切削力随切削速度的提高而略微降低；在激光加热辅助铣削时，主切削力随切削速度的提高而显著降低。在转速较低时，激光加热辅助铣削与常规铣削时主切削力相差不大，但随着速度的提高，两者相差逐渐扩大。采用激光加热辅助铣削时，较高的切削速度可以缩短刀具在切削区域的工作时间，短时间内提高切削区温度，软化材料，快速地将材料去除，短时间接触可以减少切削时产生的热量传给刀具；同时可以使切屑快速分离，缩短切削热由切屑传给至工件的时间，避免工件升温加剧，从而减轻刀具的热磨损。

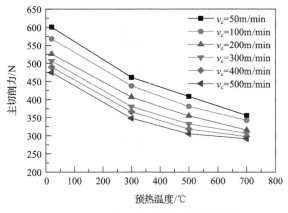

图 5-48　工艺参数对主切削力的影响

不同加工条件下表面粗糙度 R_a 的变化趋势如图 5-49 所示。由图可知，激光加热辅助铣削可获得较高的表面质量，表明该方法不仅能获得较好的加工表面质量，而且表面加工缺陷也少于常规铣削。工件经激光加热后，其材料力学性能降低，内部硬点软化，更容易被去除，降低硬点对切削的干扰，同时切削力的降低减少了切削时的振动，加工表面更平整、光滑。

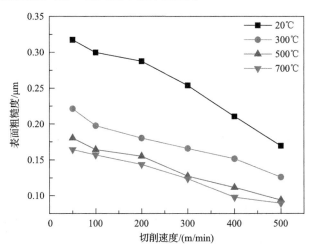

图 5-49　预热温度和切削速度对表面粗糙度 R_a 的影响规律

表面粗糙度在相同预热温度的情况下随着切削速度的增大而降低。在相同的切削速度情况下，表面粗糙度随着预热温度的升高而降低，在预热温度达到 500℃ 以上时，表面粗糙度降低的幅度相对减小，预热温度为 700℃ 时的表面粗糙度与 500℃ 时相差较小。表面粗糙度在一定的切削速度范围内随着切削速度的增大而减小；在一定温度范围内随着温度的升高而减小。

常规铣削与激光加热辅助铣削加工的表面能谱分析对比如图 5-50 所示，试件

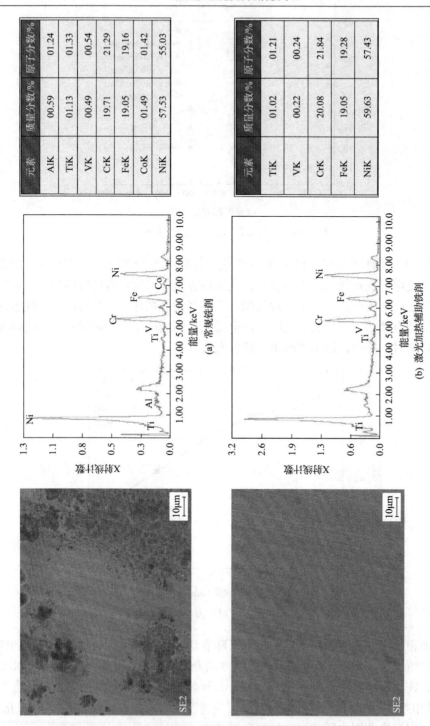

元素	质量分数/%	原子分数/%
AlK	00.59	01.24
TiK	01.13	01.33
VK	00.49	00.54
CrK	19.71	21.29
FeK	19.05	19.16
CoK	01.49	01.42
NiK	57.53	55.03

元素	质量分数/%	原子分数/%
TiK	01.02	01.21
VK	00.22	00.24
CrK	20.08	21.84
FeK	19.05	19.28
NiK	59.63	57.43

(a) 常规铣削

(b) 激光加热辅助铣削

图5-50　常规加工与激光加热辅助切削表面能谱分析

表面元素成分没有因为进行激光加热铣削而改变，而在加热过程中由于激光加热对工件的影响层在加工过程中被刀具去除，已加工表面的元素成分未受到影响。常规加工中因为产生较大摩擦使刀具涂层剥落，试验所用刀具的涂层为 TiAlN，所以表面残留有一定量的 Ti 与 Al。

通过 SEM 对常规铣削与激光加热辅助铣削的切屑形貌进行分析，v_c=80m/min 时切屑形貌的对比如图 5-51 所示。激光加热辅助铣削并未对切屑的宽度造成影响；激光加热辅助铣削后的切屑长度较常规加工的切屑长度短，而且由于加热后材料变软，以及高温合金本身的金属特性，切屑挤压紧密。在切屑与前刀面接触的区域，常规铣削较激光加热更为平滑，且未有明显的裂痕。随着激光加热温度的升高，切屑的烧灼现象更严重，与常规铣削对比，切屑发生卷曲现象，温度越高卷曲现象越明显，这是因为高温使金属软化加剧，切削产生的应力使切屑变形。

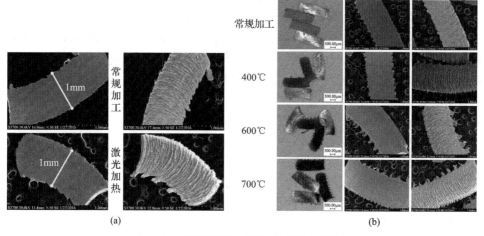

(a)　　　　　　　　　　　　　　　(b)

图 5-51　不同激光加热温度时的切屑形态

5.4　高温合金材料加热辅助铣削刀具磨损规律

5.4.1　刀具材料选用分析

1. 硬质合金材料

硬质合金是由难熔金属的硬质化合物和黏结金属通过粉末冶金工艺制成的一种合金材料。硬质合金材料具有硬度高、耐磨、强度和韧性较好、耐热、耐腐蚀等一系列优良性能，即使在 500℃的温度下也基本保持不变，在 1000℃时仍有很高的硬度，是刀具的理想材料。为了降低刀具的磨损，提高刀具的使用寿命通常使用 PVD 方法在高强度工具基体表面涂覆几微米高硬度、高耐磨性、难熔的涂层。氮铝化钛系列涂层硬度高、热硬性好、与工件及切屑的摩擦力小。除硬度较高之外，隔热性能也较好，可以在切削过程中使刀具的温度升高速度减慢，还具有很好的润滑性能，降低切屑与刀具之间的切削力，可以有效地用于高速切削加工。该涂层可以与其他涂层配合使用，组成多层 PVD 复合涂层，其层数最多可以达到400 层，其硬度最高为 4000HV。

2. PCBN 材料

PCBN 是继人造金刚石之后，人工合成的一种新型超硬刀具切削材料，其硬度仅次于金刚石，具有以下特点。①具有很高的硬度和耐磨性。②具有很高的热稳定性和高温硬度，PCBN 的耐热性可达 1400～1500℃。③具有较高的化学稳定性。PCBN 具有很高的抗氧化能力，在 1000℃条件下不产生氧化。④具有良好的导热性。PCBN 材料的导热系数低于金刚石但大大高于硬质合金，并且随着切削温度的提高，刀具的导热系数不断增大，可使刀尖处热量很快传出，有利于工件加工精度的提高。⑤具有较低的摩擦系数。使 PCBN 刀具切削时不易形成滞留层或积屑瘤，有利于加工表面质量的提高。PCBN 刀片的硬度随着 CBN 含量的提高而增加，晶粒较细，可使晶粒的晶界面积增加，提高烧结强度及抗裂纹扩展能力，使耐磨性增加。

3. 陶瓷材料

陶瓷材料刀具通常使用氧化铝或氮化硅陶瓷，具有硬度高、耐磨性能好、耐热性和化学稳定性优良等特点，且不易与金属产生黏结，广泛应用于高速切削、干切削、硬切削以及难加工材料的切削加工。尽管陶瓷刀具的硬度比 PCD 和 PCBN 低，但大大高于硬质合金，适合高速切削和硬切削。

5.4.2　刀具磨损过程与磨损形式

激光加热辅助铣削和常规铣削中铣刀的磨损过程如图 5-52 所示。刀具磨损初始阶段，只产生了少量磨损，但在此过程中涂层磨损是主要磨损，最终会导致涂层逐渐消失。高温高压下刀具与切屑的相互研磨使得刀具涂层不断地磨损。随着涂层的逐渐消失，硬质合金刀具直接与 Inconel 718 高温合金接触，刀具和工件之间的摩擦系数也会随之增加，进而加剧刀具磨损。然后，工件材料在高应力作用下被冷焊、黏附在刀具的前后刀面上，形成切屑瘤，此时黏着磨损为主要的磨损机制。新形成的积屑瘤并非稳定，刀具基质中的硬质点和 Inconel 718 高温合金中的耐磨合金颗粒使得积屑瘤不断地被带走。前后刀面的平行槽和切削深度上产生的压痕是磨料磨损的典型表现。随着刀具磨损的增加，出现了更多的微裂纹，进而导致更多刀具亚表面层中形成疲劳裂纹。刀具与工件磨损作用导致切削刃在疲劳裂纹方向产生破损。

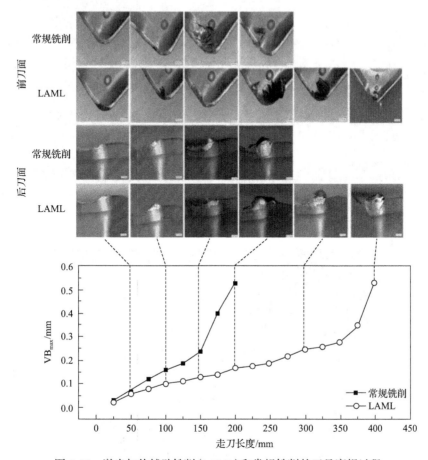

图 5-52　激光加热辅助铣削（LAML）和常规铣削的刀具磨损过程

　　激光加热辅助铣削高温合金 Inconel 718 时，刀具磨损机理与常规铣削相同，如磨料磨损、黏着磨损、扩散磨损。黏着磨损是加工 Inconel 718 合金时刀具失效的主要原因，如图 5-53 所示，可以明显看出切屑附着在切削刃上。在刀具的前刀面和后刀面上，工件材料的黏附会导致刀具表面的磨损，损坏表面层，因此容易产生磨损、疲劳裂纹等磨损机制。但是在切削深度方向上黏着和积聚的工件材料加工硬化会引起严重的凹痕。

　　对铣刀片前刀面黏着的材料进行能量色散 X 射线谱（X-ray energy dispersive spectrum，EDS）分析，发现黏合剂包含 Ni、Cr、Fe 等元素，如图 5-54 所示。这些元素及含量基本与 Inconel 718 合金相同，说明对刀具的黏结主要是工件材料。此外，工件材料在压力下对刀具表面的附着力也为高温下的相关热磨损机制提供了必要的理论依据，如扩散磨损和化学磨损。

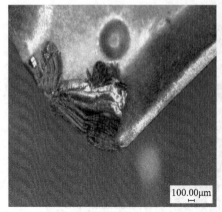 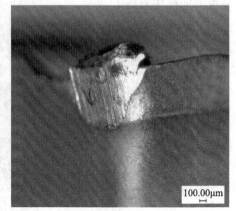

(a) 前刀面　　　　　　　　　　　　　(b) 后刀面

图 5-53　切削刀具上的黏着磨损

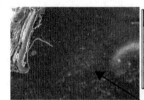

元素	质量分数/%	原子分数/%
NK	12.58	27.76
NiL	9.87	5.20
AlK	34.03	38.97
TiK	43.52	28.08

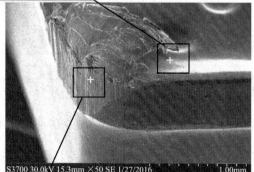

元素	质量分数/%	原子分数/%
AlK	8.05	17.17
WM	15.91	4.98
TiK	3.11	3.74
CrK	15.75	17.43
FeK	13.13	13.52
CoK	2.61	2.55
NiK	41.44	40.61

图 5-54　磨损黏结物的 SEM 显微照片和 EDS 分析

　　由来自工件材料的硬颗粒和夹杂物引起的磨损主要导致后刀面磨损，而加工硬化的后刀面材料的磨损导致切削深度方向的切口，如图 5-55 所示。此外，由于材料的侧向流动，在表面上形成了加工硬化毛刺，从而引起磨损。在其他机制辅助作用下，磨粒磨损通常伴随着渐进式裂纹形成过程。碎裂和剥落的涂层刀具和随后的后刀面和月牙洼磨损损伤是最常见的磨损形式。

扩散磨损涉及工件和刀具材料之间的元素扩散，该过程由高温激活，主要发生在刀-屑接触面。在激光加热辅助铣削过程中，刀-屑界面温度升高，工件材料与刀具磨损之间的材料发生转移。通过刀具表面的 EDS 分析（在高速切削后），如图 5-56 所示，刀具对 Co 的亲和力引起晶界扩散，使得 Ni 元素从工件向刀具表面扩散。这导致黏结相的松动，而且氧化 Fe 和 Ni 促进 Co_2O_4 的形成，进一步降低刀具的强度，从而形成了磨损。

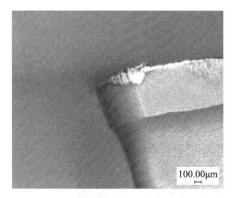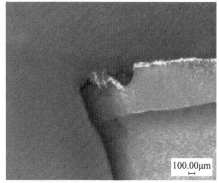

图 5-55　后刀面上的磨损

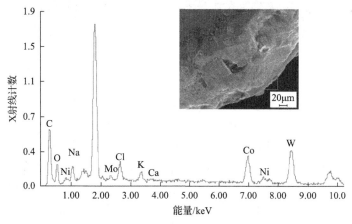

图 5-56　刀具表面的 EDS 分析

虽然激光加热辅助铣削的磨损模式与常规加工相同，但激光加热导致材料的热物理性质和切削区温度发生变化，磨损特性有所不同。由于激光器的加热，工件和刀具的接触区域温度升高，刀具的温度高于常规加工。但铣削是断续切削，并且试验中只安装一个刀片，在切削一个周期后，热传导和辐射的传热，减少了激光加热对刀具的影响。激光预热还增加了工件的温度，材料变软并更具黏性，材料更容易黏结在刀具上。初始的黏附对涂层具有一定的保护作用并降低磨损率。随着涂层面积损失的增加，刀具中的黏合材料形成积屑瘤层。由于刀具上的积屑瘤强度较低，在材料硬点的作用下，槽磨损更容易形成，而常规加工材料的硬度高，使得槽面磨损更严重。

在正常磨损阶段，激光加热辅助铣削和常规铣削刀具磨损量差异较小，但激光加热软化的材料可以降低摩擦系数、减小切削力和减轻工件对工具的冲击影响。在常规铣削中材料硬度高，切削力大，其更容易损坏积屑瘤层的形成，并且导致刀具材料的大量剥落，最终使得刀具寿命缩短。

5.4.3　PVD、CVD 涂层硬质合金刀具磨损研究

试验所用刀具如图 5-57 所示，刀具选用山特维克公司的 490R 系列涂层刀具，分别为 PVD 与 CVD 涂层。

(a) CVD涂层　　　　　　　　　　(b) PVD涂层

图 5-57　试验使用的涂层刀具

CVD 涂层刀具与 PVD 涂层刀具在常规铣削与激光加热辅助铣削过程中刀具的磨损行程如图 5-58 所示。由磨损曲线可知，PVD 涂层刀具在常规加工中的刀具寿命比激光加热辅助铣削中的刀具寿命短，当切削行程达到 200mm 时，主后刀面出现月牙形破损失效，CVD 涂层刀具在常规切削行程达到 200mm 时发生主后刀面破损，而在激光加热辅助铣削中，切削行程达到 250mm 时才发生破损失效情况。在相同的加工条件下，CVD 涂层刀具更适合激光加热辅助铣削。

常规加工时涂层刀具磨损如表 5-6 所示。失效形式主要为主切削刃的片状剥落破损。其原因在于随着铣削的进行，前刀面积累了大量的切屑，形成切屑瘤，后刀面与工件表面的摩擦使后刀面发生磨损，当两者的磨损达到一定值时，会出现刃口片状剥落。从试验中可以看出，PVD 的片状剥落现象要比 CVD 刀具严重。两者的刃口处都有大量的切屑，形成黏结破损。涂层刀具具有良好的韧性，在连续冲击性切削过程中切削效率较高。当主切削刃达到磨损极限以及出现破损后，

刀具的破损速度加快，最终失效。

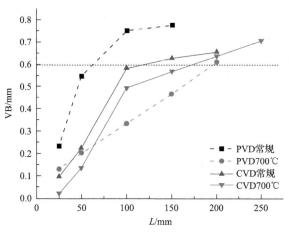

图 5-58　硬质合金涂层刀具磨损行程曲线

表 5-6　硬质合金涂层刀具铣削过程磨损对比

走刀距离/mm	常规加工			激光加热辅助铣削		
	前刀面	主后刀面	副后刀面	前刀面	主后刀面	副后刀面
CVD	50						
	100						
	150						
	200	—	—	—			
	250	—	—	—			
PVD	50						
	100						
	150						
	200	—	—	—			

在工艺参数 $a_p = 1\text{mm}$、$f_z = 0.05\text{mm}$、$v_c = 109\text{m/min}$ 下对 PVD 涂层刀具及 CVD 涂层刀具进行试验，激光加热辅助铣削时的刀具磨损形态如表 5-6 所示，预热温度为 700℃。在激光加热辅助铣削温度达到 700℃时，CVD 涂层刀具加工行程距离高于 PVD 涂层刀具，且都是在主后刀面出现破损；在切削前期主要是切屑与涂层的黏附造成的点蚀磨损，在产生月牙形缺口后，随着加工的持续，刀具的破损逐渐扩大。当涂层破坏后，两者的磨损都加剧，在高温条件下随着涂层的磨损破坏，基体硬质合金逐渐裸露出来，高温合金自身的加工性，使黏着磨损加重，尤其主切削刃磨损严重。从加工寿命来看，在激光加热辅助铣削中 CVD 涂层刀具略优于 PVD 涂层刀具。因此硬质合金涂层刀具中，CVD 涂层刀具更适合在高温条件下加工。

涂层刀具刃口处 SEM 及能谱分析结果如图 5-59 所示，CVD 涂层刀具的磨损主要为黏着磨损，在刃口处粘连大量切屑，而在磨损处，也同样粘连一些加工材料，这是由于随着加工及持续，涂层逐渐被磨去并且刀具的基体裸露出来，基体与工件继续磨损使工件材料逐渐黏结在磨损的基体上。

这样的磨损形式主要发生在主后刀面以及刃口处。激光加热并未对刀具磨损的形式造成影响，并使刃口处后刀面的黏结情况得到改善；PVD 涂层刀具的刃口处破损主要是由于黏结切屑剥离造成的黏结破损，前刀面并未出现明显的磨损迹象。激光加热辅助铣削时刃口处并未有明显的破损，同时在主切削刃有效切削区域周围有少量被加工材料元素，说明存在轻微的扩散磨损迹象。

元素	质量分数/%	原子分数/%
CrK	19.92	21.72
MnK	0.76	0.78
FeK	18.93	19.21
NiK	60.39	58.30

元素	质量分数/%	原子分数/%
CrK	20.10	21.89
MnK	1.17	1.21
FeK	19.67	19.94
NiK	59.06	56.96

元素	质量分数/%	原子分数/%
NK	12.58	27.76
NiL	9.87	5.20
AlK	34.03	38.97
TiK	43.52	28.08

元素	质量分数/%	原子分数/%
AlK	8.05	17.17
WM	15.91	4.98
TiK	3.11	3.74
CrK	15.75	17.43
FeK	13.13	13.13
CoK	2.61	2.55
NiK	41.44	40.61

(a) CVD涂层刀具磨损

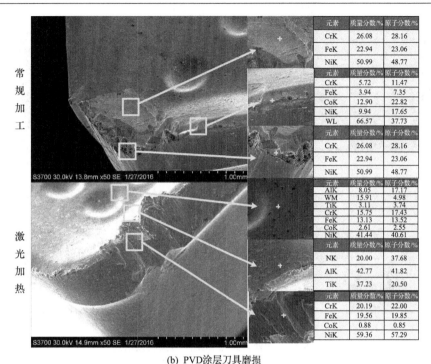

元素	质量分数/%	原子分数/%
CrK	26.08	28.16
FeK	22.94	23.06
NiK	50.99	48.77

元素	质量分数/%	原子分数/%
CrK	5.72	11.47
FeK	3.94	7.35
CoK	12.90	22.82
NiK	9.94	17.65
WL	66.57	37.73

元素	质量分数/%	原子分数/%
CrK	26.08	28.16
FeK	22.94	23.06
NiK	50.99	48.77

元素	质量分数/%	原子分数/%
AlK	8.05	17.17
WM	15.91	4.98
TiK	3.11	3.74
CrK	15.75	17.43
FeK	13.13	13.52
CoK	2.61	2.55
NiK	41.44	40.61

元素	质量分数/%	原子分数/%
NK	20.00	37.68
AlK	42.77	41.82
TiK	37.23	20.50

元素	质量分数/%	原子分数/%
CrK	20.19	22.00
FeK	19.56	19.85
CoK	0.88	0.85
NiK	59.36	57.29

常规加工

激光加热

(b) PVD涂层刀具磨损

图 5-59　涂层刀具磨损处 SEM 及能谱

5.4.4　PCBN 及陶瓷刀具铣削磨损研究

试验所用刀具如图 5-60 所示，PCBN 刀具为山特维克公司的 R290-12；陶瓷刀具为绿叶公司的 SPGN-434。切削参数 a_p=0.4mm、f_z=0.06mm、v_c=200m/min、T=700℃，进给行程为 50mm 时两者磨损对比，如图 5-61 所示。

从图 5-61 可以看出，陶瓷刀具前刀面刃口有轻微破损，主后刀面磨损较小，而副后刀面破损严重，而 PCBN 刀具前刀面磨损不明显，刃口处略微磨损，整体磨损好于陶瓷刀具。PCBN 刀具 SEM 刃口形貌如图 5-62 所示。可以看到，破损处并未有粘连，主要是冲击造成的破损。

图 5-60　陶瓷与 PCBN 刀具

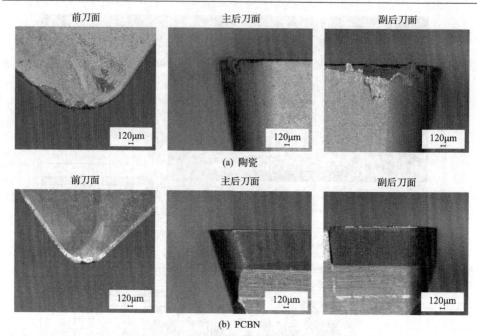

图 5-61　陶瓷刀具与 PCBN 刀具磨损对比

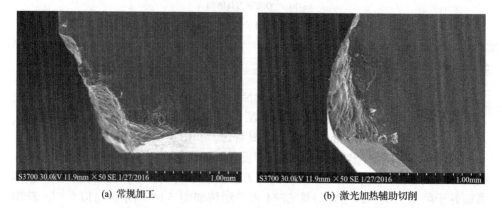

图 5-62　PCBN 刀具 SEM 图片

　　其他加工参数不变，当切削速度 v_c=109m/min 时，切削 50mm 后所得刀具磨损如图 5-63 所示。与 v_c=200m/min 时相比，陶瓷刀具的破损更为严重，这是因为陶瓷刀具适合在超高速的加工条件下加工。当速度较慢时，刃口处摩擦较大，会使刀具加速损坏。但与 v_c=200m/min 相比，PCBN 刀具的磨损差异较小。

　　陶瓷刀具与 PCBN 刀具磨损曲线如图 5-64 所示。由磨损曲线可以看出，激光加热辅助切削加工的刀具寿命比常规切削加工刀具寿命长，但两种加工方式下的陶瓷刀具寿命都较短，PCBN 刀具寿命更长，约为陶瓷刀具的 2 倍。经过磨损试验比较，PCBN 刀具的耐热性、耐磨性更佳，比陶瓷刀具更适合激光加热辅助切削。

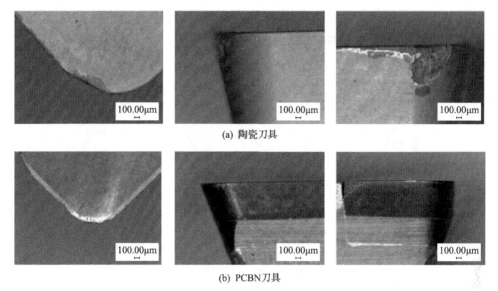

图 5-63　陶瓷刀具与 PCBN 刀具在切削行程为 50mm 时的磨损对比

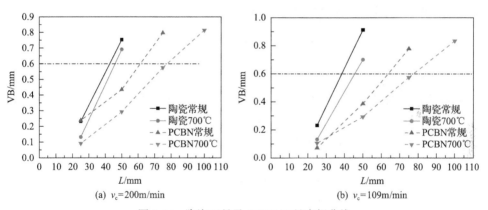

图 5-64　陶瓷刀具及 PCBN 刀具磨损曲线

5.4.5　激光加热辅助铣削刀具寿命研究

1. 正交试验回归分析

与硬质合金刀具相比，超硬刀具脆性大、抗冲击性能差、成本高；而铣削本身的冲击力较强，因此 CVD 涂层刀具更适合激光加热辅助铣削加工。刀具磨损试验采用正交试验法，当刀具磨损最大值达到 0.6mm 时即为刀具失效，通过磨损曲线读取达到磨损极限标准值时的切削行程。用切削行程与进给速度计算刀具的寿命，预测公式可以简化为

$$T = Cv_c^{\alpha_1} T^{\alpha_2} f_z^{\alpha_3} a_p^{\alpha_4} \tag{5-6}$$

式中，α_1、α_2、α_3、α_4 为刀具寿命系数；f_z 为每齿进给量；v_c 为切削速度；a_p 为切削深度。刀具切削行程与磨损曲线如图 5-65 所示。

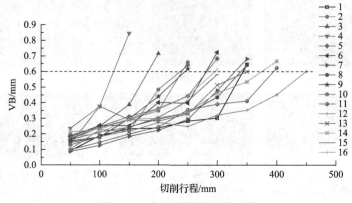

图 5-65　正交试验刀具磨损曲线

用切削行程有效距离与进给速度可求得刀具寿命时间，如表 5-7 所示。通过试验数据可以得到刀具寿命经验公式如下：

$$T = 10^{2.6} v_c^{-0.584} T^{-0.031} f_z^{-1.11} a_p^{-0.254} \tag{5-7}$$

采用方差分析，所得 F 值为 $71.85 > F_{0.95}(4,11) = 3.36$，故所得模型较为准确。图 5-66 为加工参数对刀具磨损的影响曲线。可以看出，随着速度、温度、每齿进给量、切削深度的升高，刀具寿命降低，对于刀具磨损各参数的影响程度为：每齿进给量＞速度＞切削深度＞温度。

表 5-7　刀具寿命时间正交试验结果

序号	速度/(m/min)	温度/℃	每齿进给量/mm	切削深度/mm	刀具寿命/s
1	60	400	0.02	0.2	3133
2	60	500	0.04	0.4	1451
3	60	600	0.06	0.6	778
4	60	700	0.08	0.8	413
5	109	400	0.04	0.6	959
6	109	500	0.02	0.8	1989
7	109	600	0.08	0.2	536
8	109	700	0.06	0.4	740
9	148	400	0.06	0.8	394
10	148	500	0.08	0.6	410
11	148	600	0.02	0.4	1903

续表

序号	速度/(m/min)	温度/℃	每齿进给量/mm	切削深度/mm	刀具寿命/s
12	148	700	0.04	0.2	978
13	200	400	0.08	0.4	283
14	200	500	0.06	0.2	470
15	200	600	0.04	0.8	550
16	200	700	0.02	0.6	1066

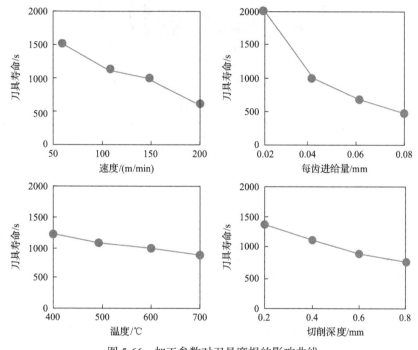

图 5-66 加工参数对刀具磨损的影响曲线

图 5-67 为刀具磨损与材料去除率对比图，随着材料去除率的增大，刀具的使用寿命明显降低。由第 6 组（v_c=109m/min、T=500℃、f_z=0.02mm、a_p=0.8mm）及第 11 组（v_c=148m/min、T=600℃、f_z=0.02mm、a_p=0.4mm）数据可以得知，为了获得一定的材料去除率，采用适当的速度、适宜的温度、较小的每齿进给量和较大的切削深度，可以获得比较理想的刀具寿命。1～8 组为低速区，9～16 组为高速区。在高速区，材料的去除率高，加工效率高，刀具寿命与低速区相差不大。

正交刀具磨损试验中刀具寿命回归模型的误差分析如表 5-8 所示，切削速度和每齿进给量对刀具寿命影响最为显著。

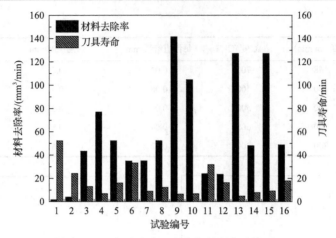

图 5-67　正交试验刀具寿命与材料去除率对比

表 5-8　刀具寿命回归模型误差分析表

自变量	系数标准误差	T	P
速度	0.08604	4.79	0.000
温度	0.1835	−6.79	0.867
每齿进给量	0.0736	−0.17	0.000
切削深度	0.0736	15.14	0.005
	$S = 0.0665655$　　$R^2 = 96.3\%$　　$R^2(调整) = 95.0\%$		

2. 基于 BP 神经网络的刀具磨损预测

误差反向传播神经网络(back propagation neutral networks，BPNN)是通过模拟大脑神经系统的信息处理方式进行并行处理和非线性转换的复杂网络结构，广泛用于计算机、大数据以及人工智能领域，解决了许多难题。BP 神经网络包括三层网络结构：输入层(input layer)、隐含层(hide layer)和输出层(output layer)，各层神经元之间以全连接方式连接，同层神经元之间无连接。典型的 BP 神经网络拓扑结构如图 5-68 所示。

通常采用柯尔莫哥洛夫定理来计算隐含层节点数，$P=2Q+1$，其中，P 为输入层节点数，Q 为隐含层节点数。BP 神经网络实现步骤为：①建立网络训练，用函数 newff(·) 构造神经网络；②网络训练，进行网络学习；③网络测试，即利用训练好的网络进行问题求解。针对激光加热辅助铣削加工，使用前反馈 BP 神经网络对刀具磨损进行预测，其网络模型如图 5-69 所示。

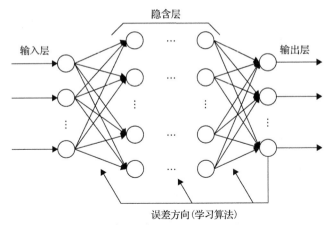

图 5-68　BP 神经网络拓扑结构图

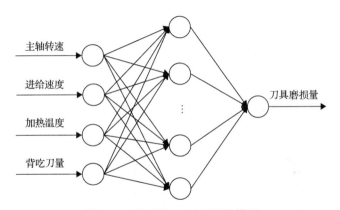

图 5-69　前反馈 BP 神经网络模型

确定好网络模型的结构后，选择合适的传递函数和训练函数，以获得更加精确的预测结果。

1) 传递函数

BP 神经网络中隐含层神经元的传递函数一般有 log-sigmoid 型函数(logsig)、tan-sigmoid 型函数(tansig)和纯线性函数(purelin)。对隐含层和输出层选用不同函数的网络训练进行分析，发现当隐含层传递函数选用 tansig，输出层选用传递函数 purelin 时，均方差和收敛步数最优，其训练表现如图 5-70 所示。

2) 训练函数

无论在函数逼近还是模式识别中，BP 神经网络的核心都是误差逆传播算法。首先建立包含输入矢量 P 和相应的期望输出矢量 T 的训练样本，通过不断调整权重和阈值，使网络的误差最小。BP 神经网络预测实现的过程如图 5-71 所示。

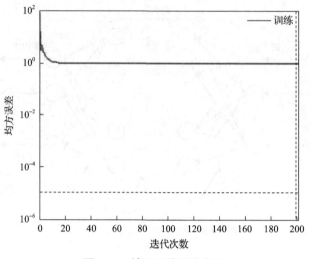

图 5-70　神经网络训练表现

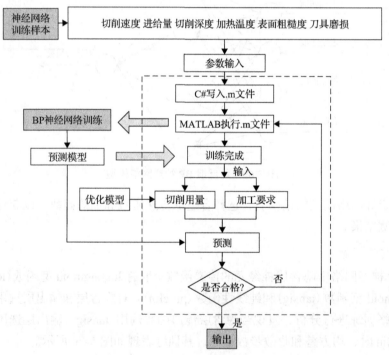

图 5-71　BP 神经网络预测实现的过程

具体实现步骤如下。

第一，选取训练样本集。一般来说，样本数目越多，训练的结果所反映的数据内在规律越可信。但样本的获取一般需要一系列的试验，较为困难，而且当样本数达到一定值时，网络精度也难以得到很大的提高。以试验数据为训练样本，采用归一法将所有数据转化到[0,1]区间，有效地解决因数据量级不同而导致的网络预测误差。归一化函数采用 premnx 函数：

　　　　[p1 minp, maxp, t1, mint, maxt]=premnmx(P,T);

　　第二，建立 BP 神经网络模型。采用多输入单输出的三层 BP 神经网络，输入层包括切削速度、进给量、切削深度、加热温度和切削长度；输出层向量为刀具磨损量；通过柯尔莫哥洛夫定理确定隐含层节点数。经过试验，刀具磨损量预测模型输入节点 5 个，隐含层节点 9 个，输出节点 1 个。

　　第三，确定 BP 神经网络的各个函数。根据预测功能要求选择 newff 创建 BP 神经网络，选 tansig 和 purelin 为传递函数，选 learngdm 为学习函数，选 trainbr 为训练函数，选 mse 为性能函数。

　　在 MATLAB 建立好.m 文件之后，调用并运行.m 文件，得到的神经网络训练结果如图 5-72 所示。

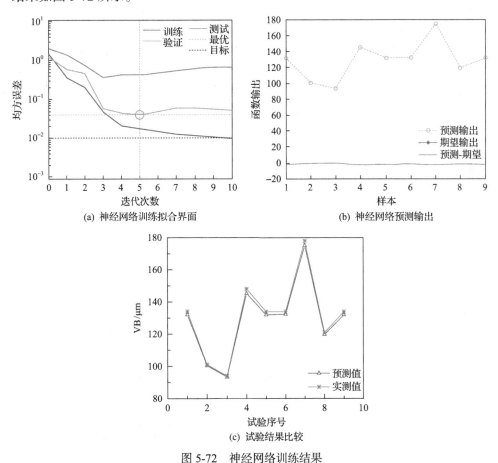

(a) 神经网络训练拟合界面　　　　　　　　(b) 神经网络预测输出

(c) 试验结果比较

图 5-72　神经网络训练结果

3. 基于 GA-BP 神经网络的刀具磨损预测

遗传算法（genetic algorithm，GA），是一种基于遗传知识相关理论和自然选择的优化算法，一般认为，GA 是将适者生存法则和染色体交换相结合，在全局范围内寻找最优解的算法。遗传算法在优化过程中能够对种群中的每一个个体进行分析，评价每一个解的优劣程度，及时地抛弃陷入局部最优解的集合，以保证算法的效率和精度；种群个体的优劣程度主要取决于其适应度函数，而适应度函数的大小直接决定个体被淘汰的概率。适应度函数值域具有开放性和非连续可微条件，使得 GA 在函数优化中得到广泛的应用。GA 规则具有不确定性，其迭代与搜索方向由概率变化原则决定。

神经网络本身存在许多缺陷，常见的问题是容易陷入局部最小值、全局的搜索能力比较差、训练速度比较慢和预测不稳定等。该算法具有自组织性、自适应性和自学习性，能够同时对多个解进行并行性处理，从而减小优化所需的时间，效率更高，易得到全局最优解或次优解而不要求目标函数具有连续性。因此，采用 GA 对 BP 神经网络进行改进，可以在很大程度上弥补 BP 神经网络算法的不足。

基于 GA-BP 的算法主要是 GA 对 BP 神经网络的初始权重和阈值进行优化，然后把 GA 搜寻到的最优权重、阈值作为 BP 神经网络的初始值，直接用于 BP 神经网络算法训练网络，其具体流程如图 5-73 所示。

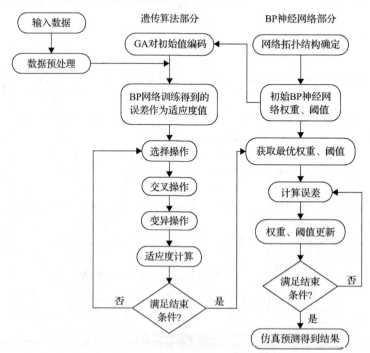

图 5-73　GA-BP 神经网络训练流程图

1)遗传算法的优化流程

遗传算法的优化流程一般包括编码、选择、交叉、变异、适应度函数的确定等。

(1)编码。相比于二进制编码,实数编码在编码解码形式上更加直观简单,便于遗传算法的操作,所以采用实数编码。

(2)选择。选择操作的目的是确定被遗传到下一代个体的多少以及该个体被选择的概率,选用轮盘赌法作为选择算法,其表达式为

$$f_i = \frac{k}{F_i} \tag{5-8}$$

$$p_i = \frac{f_i}{\sum_{j=1}^{M} f_i} \tag{5-9}$$

式中,p_i 为个体 i 被选择的概率;F_i 为个体 i 的适应度值;k 为系数;M 为种群总数。

(3)交叉。交叉算子是整个遗传算法的核心算子,通常采用实数交叉算法,其表达式为

$$\begin{cases} a_{kj} = a_{lj}b + (1-b)a_{kj} \\ a_{lj} = a_{kj}b + (1-b)a_{lj} \end{cases} \tag{5-10}$$

式中,k、l 为两个染色体;j 为染色体交叉的位置;b 为常数,取值范围为[0,1]。

(4)变异。变异的目的是保证种群的多样性,产生新个体。通常综合运用变异算子和交叉算子,能够使个体保持较强的适应性,更好地寻找局部最优解。其表达式为

$$a_{ij} = \begin{cases} a_{ij} + (a_{ij} - a_{max})f(g), & r > 0.5 \\ a_{ij} + (a_{min} - a_{ij})f(g), & r \leqslant 0.5 \end{cases} \tag{5-11}$$

$$f(g) = r_1 \left(1 - \frac{g}{G_{max}}\right)^2 \tag{5-12}$$

式中,i 为个体;j 为变异基因位置;a_{max} 为基因 a_{ij} 的上界;a_{min} 为基因 a_{ij} 的下界;r、r_1 为随机数;g 为当前迭代次数;G_{max} 为最大进化次数。

(5)适应度函数。适应度函数值的大小代表个体适应环境的能力。为了求得最优解,首先要确定个体适应度函数,在进行优化过程中,个体的适应度值大就代

表该个体达到最优解的概率大，一般情况下，目标函数 $f(x)$ 根据最大化、最小化
问题可以直接转化为适应度函数：

$$\mathrm{Fit}(f(x)) = \begin{cases} f(x), & \text{目标函数为最大化问题} \\ -f(x), & \text{目标函数为最小化问题} \end{cases}$$

适应度函数为采用 BP 神经网络算法训练得到的误差，误差越小效果越好。

2) BP 神经网络算法部分流程

(1) 样本归一化。输入输出参数数值的变化范围比较大，为了避免因数据大小
和单位不一致而引起网络训练时间增加，增加权重和阈值调节的难度，将数据归
一化，其表达式为

$$x' = \frac{2(x - x_{\min})}{x_{\max} - x_{\min}} - 1 \tag{5-13}$$

式中，x' 为归一化后的值；x 为归一化前的真实值；$x_{\max}$ 和 $x_{\min}$ 分别为每组输入输
出参数最大值和最小值，经过归一化后数据范围在 [-1,1]。预测模型所得到的结果
需要进行反归一化，反归一化的结果就是预测真实值。

(2) 输入、输出层神经元。刀具预测模型输入参数为主轴转速、进给速度、轴
向切削深度、加热温度，输出结果为刀具寿命，因此输入层神经元数为 4，输出
层神经元数为 1。

(3) 隐含层神经元。隐含层神经元个数目前还没有统一的标准，只能根据经验
公式来估算：

$$m = \sqrt{l + n} + a \tag{5-14}$$

式中，n、l、m 分别为输入层、输出层和隐含层神经元数；a 通常取 [1,10] 区间的
常数。初步确定隐含层神经元数为 [3,13] 区间的整数，然后采用试错法选择不同神
经元数对模型进行反复计算，最终确定当隐含层的神经元数为 9 时，模型训练结
果最优。

(4) BP 网络训练与测试。由于传统的 BP 神经网络算法线性收敛速度比较慢，
而 LM(Levenberg-Marquardt) 算法在传统 BP 神经网络算法的基础上进行了改进，
运算速度更快，采用 trainlm 作为网络训练函数。

(5) 学习速率。BP 神经网络的学习率对模型的预测结果有很大的影响，为保
证系统的稳定性，一般选用较小的学习速率，其取值范围一般为 [0.01, 0.8]。

经过大量试算，最终确定的 GA-BP 算法各部分的参数如表 5-9 所示。

表 5-9　基于 GA-BP 算法中各部分的参数设置

GA 参数设置		BP 参数设置	
参数	取值	参数	取值
种群规模	30	隐含层神经元素	9
最大迭代次数	10	训练函数	trainlm
编码方式	实数编码	传递函数	tansig　purelin
选择操作	轮盘赌法	最大训练次数	200
交叉概率	0.80	学习速率	0.11
变异概率	0.01	训练要求精度	0.01

以 GA-BP 神经网络的切削力预测模型为基础，对表 5-7 所示的前 10 组数据进行训练，选择 11～16 组数据进行预测，预测结果如图 5-74 所示。

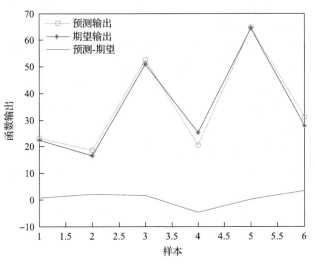

图 5-74　GA-BP 神经网络预测结果

第6章 激光加热辅助切削工艺参数优化

6.1 氮化硅陶瓷加工工艺参数优选

工程陶瓷的加工难度大，工艺参数选择不合理容易引起刀具破损，或工件断裂。在工程陶瓷的加热辅助切削过程中，首先要解决的问题是如何选择合适的工艺参数，这些参数包括激光功率、激光光斑直径、激光入射位置、切削速度和进给量等。切削区温度是加热辅助切削首要满足的条件之一，可作为确定工艺参数的依据，同时要保证对加工后表面质量与裂纹影响很大的激光光斑中心温度与激光加热热应力在合理的范围内。受检测方法的限制，激光光斑中心及刀具与工件接触切削区的温度在试验中无法测量，需要借助数值模拟的方法。采用激光加热辅助切削温度场预测模型，研究工艺参数对切削区温度的影响规律，结合激光加热辅助切削工艺特点，提出工艺参数的选择方法。

因为激光加热环节的加入，加工过程比较复杂，影响激光加热辅助切削加工结果的因素很多，合理地选择合适的工艺参数是解决加工难题的关键。虽然通过大量试验，最终可以得到理想的工艺参数，但是陶瓷材料硬度大，刀具寿命短，并且陶瓷材料及超硬材料刀具价格较高，使得试验成本大大提高。此外，陶瓷材料是一种典型的脆性材料，在高温低应变率情况下，表现为脆性特征，受热膨胀后产生变形，在弹性变形后即发生断裂，不出现塑性变形情况。激光加热过程中会产生很高的温度，并且由于能量密度为高斯分布，温度梯度很大，产生的热应力很容易超过强度极限，出现裂纹。表面出现裂纹后，瞬时扩张过程可能被微孔、晶界或金属相终止，影响加工的进行，降低最终加工表面质量。如果材料抗热震性差，还可能会引起工件的断裂，所以在选择工艺参数时应考虑参数对激光加热工件表面引起热应力的影响，防止裂纹的产生。衡量材料破坏的准则有最大拉应力准则、最大剪应力准则、形变能准则及莫尔强度准则等，其中最大拉应力准则是判断脆性材料失效的有效方法。最大拉应力准则认为当材料中的热应力达到拉伸强度极限时，材料就会出现裂纹。

基于陶瓷材料的特性，加热辅助切削时工件的软化程度是影响加工效果的主要因素，去除材料温度则是反映软化程度的指标。将局部区域材料提高至合适的温度可以使材料得到充分软化，使加工顺利地进行，因此可以从切削区温度的角度考虑得到合理的加工参数范围。

参数选择原则为：切削区温度达到软化温度，激光加热点温度不影响材料的物性，激光产生的热应力不产生裂纹，参数的选择流程如图 6-1 所示。根据材料的热物理参数与材料吸收激光参数建立有限元模型，并通过材料性能及激光加热温度经验公式，初选工艺参数进行计算。分析工艺参数对温度、应力的影响规律，再结合切削用量的选择原则，选择合适的工艺参数。采用所选的工艺参数进行工艺试验，通过对试验结果包括表面粗糙度、表面裂纹等检测，进一步修正工艺参数，最终得到合适的加工工艺参数。

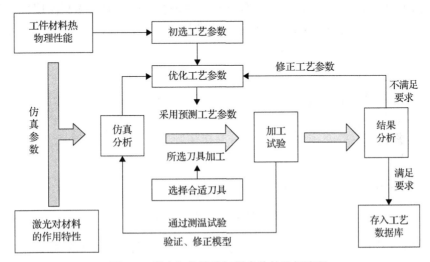

图 6-1　激光加热辅助切削参数的选择流程

6.1.1　车削加工工艺参数优选

工件直径 10mm、长 40mm，基于激光光斑中心与切削位置温度的经验公式与切削用量的选择原则预选工艺参数，仿真参数如表 6-1 所示，通过仿真结果分析不同条件下切削区温度、激光入射点温度及激光照射引起的热应力。

表 6-1　激光加热辅助车削温度场仿真参数

参数		P_1/W	n/(r/min)	v_1/(mm/min)	L_1/mm	a_p/mm	D_1/mm
基准参数		220(1)	630	12.6	1	0.2	3
变化参数		150(2)	250(5)	9.5(8)	0.5(11)	0.1(14)	2(17)
		250(3)	400(6)	18.9(9)	1.5(12)	0.3(15)	4(18)
		300(4)	800(7)	25.2(10)	2(13)	0.4(16)	5(19)

注：表中括号内数字代表试验的序号。

1. 工艺参数对温度场的影响

当切削区温度提高至 1100℃时，氮化硅陶瓷材料可以得到充分软化。对于基准参数，加热 15s 后切削区能够达到此温度，因此将仿真中所有参数的预热时间设定为 15s。激光与刀具的圆周角度为 60°，激光加热移动距离为 10mm，采用基准参数得到温度场分布如图 6-2 所示。激光入射的能量被工件表面吸收，激光光斑作用区域的温度迅速升高，表面吸收的热量向工件轴向与径向内部传导，随着加工进行，工件整体温度升高。激光光斑入射区域的温度最高，在靠近激光入射的区域，等温线密集，温度梯度大。由于工件转速很快，激光在工件表面单位面积上作用的时间很短，高温区域仅分布在工件表层，通过刀具将高温层去除后不会对加工后的表面带来影响。加热后的区域由对流与辐射向外传递热量，传递热量较少，工件依然维持较高的温度。

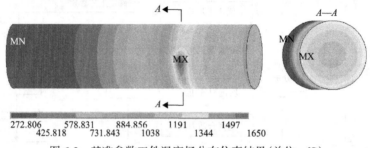

图 6-2　基准参数工件温度场分布仿真结果(单位：℃)

采用不同工艺参数仿真，得到工艺参数对切削区温度 T_{cut} 与激光光斑中心温度 T_{max} 的影响规律。其中，激光功率与激光移动速度对 T_{cut} 的影响最大，采用不同工艺参数时 T_{cut} 随时间的变化如图 6-3 所示。采用基准参数时，T_{cut} 在预热阶段温度升高很快，当预热达到一定时间后，刀具开始移动。受到多种因素热传导过程作用，工件没有达到准稳态，随着激光入射光斑移动，T_{cut} 逐渐升高，上升趋势逐渐变缓，加热后期温度达到稳定状态。采用不同工艺参数时，在加热结束时刻的 T_{max} 与 T_{cut} 值如图 6-4 所示。

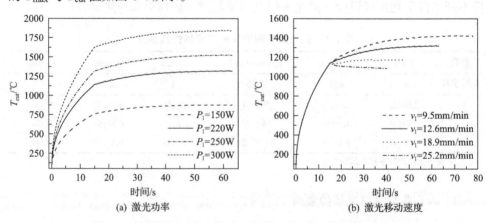

(a) 激光功率　　　　　　　　　　　　　　　(b) 激光移动速度

图 6-3　采用不同工艺参数时，切削区温度随时间的变化曲线

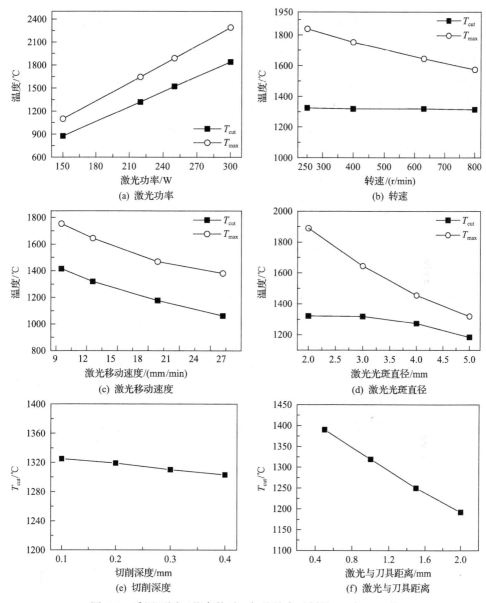

图 6-4　采用不同工艺参数时，加热结束时刻的 T_{cut} 与 T_{max} 值

　　激光功率直接决定了工件吸收的能量，对温度影响最大，T_{max}、T_{cut} 与激光功率呈线性关系，随着激光功率增大而增大，如图 6-4(a) 所示。工件转速影响单位圆周长度受到激光入射时间的长短，但对工件整体吸收的能量影响很小，因此 T_{max} 受转速的影响很大，随着转速降低而升高，T_{cut} 受工件转速的影响很小，如图 6-4(b) 所示。激光移动速度增大降低了单位时间内工件轴向单位长度吸收的能量，因此

T_{max} 与 T_{cut} 随移动速度的增大而降低，如图 6-4（c）所示。激光光斑直径越小，能量分布的面积越小，能量越集中，T_{max} 越大，T_{cut} 在 2mm 与 3mm 直径时基本没有变化，在 4mm 时稍有下降，如图 6-4（d）所示。激光能量向工件内部传递需要一定时间，并且有一定热量向外界传递，因此 T_{cut} 随切削深度增加而降低。但由于工件尺寸较小并且处于整体加热状态，切削深度对 T_{cut} 影响较小，如图 6-4（e）所示。激光与刀具之间距离的增加延长了激光加热与材料去除的时间，T_{cut} 随之降低，如图 6-4（f）所示。

2. 工艺参数对应力场的影响

采用基准参数加热结束时刻应力场分布如图 6-5 所示。在激光加热的过程中，由于光斑中心能量密度高，温度迅速升高，会引起较大的温度梯度，从而产生了较大的热应力。激光作用的局部区域体积迅速膨胀，但是周围区域温度较低，膨胀部分受到挤压，主要受到压应力的作用，其中最大压应力处于激光光斑中心位置，随着与激光光斑中心的距离增加，压应力逐渐降低，在工件表面受挤压区域周围形成了一段较窄的受拉应力的弧形区域，最大表面拉应力位于激光移动方向的窄带位置。

采用基准工艺参数时，表面主应力最大值随时间的变化规律如图 6-6 所示。在预热后的加热过程中，第一主应力 σ_{11} 与第三主应力 σ_{33} 基本保持不变，随着加热时间增加，工件整体温度增加，从而使激光光斑周围区域的温度升高，降低了对光斑作用区域的约束，σ_{33} 略有降低。由此可见，加热结束时的应力状态可以反映加工过程中的应力状态。加热结束时，不同工艺参数对 σ_{11} 与 σ_{33} 最大值的影响

-0.841E+08　　-0.397E+08　　　0.458E+07　　0.489E+08　　　0.932E+08
　　　-0.619E+08　　-0.176E+08　0.267E+08　　　0.711E+08　　　0.115E+09

(a) 第一主应力，σ_{11}

-0.880E+09　　-0.680E+09　-0.480E+09　　　-0.281E+09　-0.810E+08
　　　　-0.780E+09　　-0.580E+09　　　-0.381E+09　　-0.181E+09　　　-0.188E+08

(b) 第三主应力，σ_{33}

图 6-5　采用基准参数时，在加热结束时刻的应力场分布(单位：Pa)

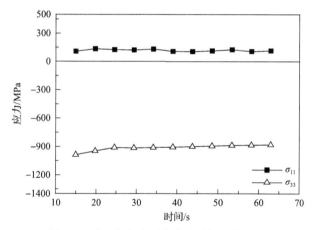

图 6-6　表面主应力最大值随时间变化规律

规律如图 6-7 所示。激光功率越大，激光光斑处温度越高，σ_{11} 随激光功率增大而增大，σ_{33} 随激光功率增大迅速增大，当能量超过 200W 后增加缓慢。激光光斑周围区域温度随工件转速增加而降低，引起温度梯度降低，导致 σ_{11} 与 σ_{33} 随转速的增加而减小，其中 σ_{11} 减小幅度很小。σ_{11} 随进给量增大而减小，进给量增大降低了温度分布的连续性，温度梯度增大，σ_{33} 随进给量增大而增大。激光光斑直径越小，工件吸收的热量集中在越小的区域，温度梯度越大，因此 σ_{11} 与 σ_{33} 随直径的减小而增大。以上结果表明，应力变化规律与激光光斑中心温度变化规律基本一致。

　　氮化硅陶瓷的热膨胀系数较低，因此激光加热产生的热应力较低，有利于激光加热辅助切削加工的进行。由于拉应力失效，在 700～1400℃ 范围内氮化硅陶瓷的平均拉伸强度约为 450MPa，其抗压强度大约为弯曲强度的 4.4 倍，约为 1980MPa。由仿真选用的工艺参数得到的拉应力与压应力都在许用区间，理论上不会由于热应力而引起裂纹。但是由于工件内部温度分布不均匀，拉伸强度随温度升高而降低，导致局部位置的拉应力超过许用值。此外，氮化硅陶瓷在烧结过程中会产生气孔及缺陷，在较高热应力的作用下可能引起裂纹产生、扩展，最终导致工件损坏。因此，选择工艺参数时，在保证温度符合要求的前提下，尽可能降低表面热应力。

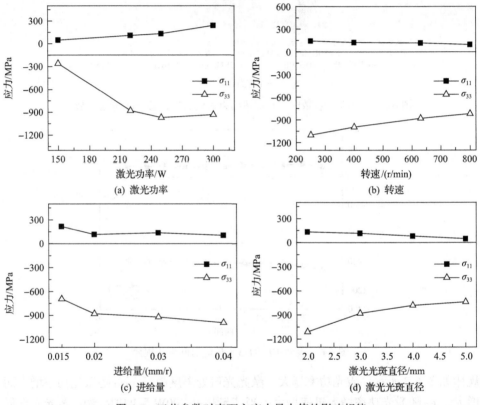

图 6-7　工艺参数对表面主应力最大值的影响规律

3. 工艺参数选择

选择参数时应充分考虑上述工艺参数对温度分布与应力分布的影响规律，并结合切削用量的选择原则：①激光功率直接决定工件吸收的热量，是影响温度分布与热应力最主要的参数，合适的激光功率能够提供足够的能量使工件软化，并且不会造成加工后表面的损伤。②激光光斑直径对 $T_{\max}$ 影响很大但对 T_{cut} 影响较小，因此合适的激光光斑直径应该提供合适的能量密度，然而降低激光光斑直径使温度梯度升高，会引起热应力超过临界值，从而导致工件出现裂纹，过大的激光光斑直径会使激光入射在已加工工件表面，对表面造成烧蚀，降低加工质量。③工件转速对 T_{max} 影响很大，对 T_{cut} 影响较小，转速过低会导致 T_{max} 温度升高，影响加工后的表面性能，所以应该选择较高的工件转速，但应该在一定范围内，过大的工件转速减少激光作用在单位区域内的时间，降低软化效果。同时，切削速度与工件转速成正比，切削速度需要保证在合理的范围内。④激光移动速度也是影响 T_{max} 与 T_{cut} 的重要参数之一，增加会导致 T_{max} 与 T_{cut} 降低；此外，激光移动速度与工件转速共同决定了进给量。对于陶瓷等硬脆材料的切削，进给量通常较小，因此激光移动速度通常较小，在保证 T_{cut} 的同时，进给量较小，有利于加工进行。⑤激光和刀具之间需要有一段距离，有适当的延迟使吸收激光的热量传导入工件中，从而将切削深度内的材料加热到需要的温度。但是距离较长会大大降低 T_{cut}，因此需要使刀具与激光入射位置有一定的轴向角度与轴向长度。⑥切削深度的选择应保证切削区的平均温度高于软化温度。

综上所述，针对加工所用的氮化硅陶瓷工件，进给量通常较小，$f=0.01\sim0.02$mm/r；选择较大的主轴转速，以降低激光光斑中心的温度，同时结合切削速度与激光移动速度，确定主轴转速，$n=400\sim800$r/min；激光移动速度与激光功率共同决定单位工件长度吸收的能量，在满足软化材料要求时，选择较小的激光功率，$P_1=200\sim250$W；激光光斑直径在保证热应力不会产生裂纹并且集中的热流不会造成加工后表面损伤的情况下选取较大的直径，$D_1=3\sim4$mm；预热时间以切削区温度达到软化切削温度为宜；通过计算确定激光与刀具轴向距离，$L_1=1\sim1.5$mm；切削深度 $a_p=0.1\sim0.4$mm，在此范围内切削温度高于软化温度。

4. 激光加热辅助车削优化

为保证良好的加工质量，在激光加热辅助车削时，温度 T_{cut} 与 T_{max} 应该保持在一定范围内。氮化硅陶瓷材料软化温度大约为 1100℃，并且当表面温度小于 1410℃时，短时间内不会引起工件表面的氧化。由温度场的分析可知，如果工艺参数在加工过程中保持不变，激光加热能量累积，温度很难保持一致。因此，需要实时地改变工艺参数以保证切削区温度高于 1100℃，同时激光入射点的温度低于 1410℃。在工艺参数中，激光功率对温度场的影响最大，并且相对容易控制，因此选取激光功率作为实时控制参数，以保持合适的温度。受试验条件的限制，实时测量的温度无法与激光器输出的能量组成闭环系统。而温度预测模型可以得到加工参数与温度场的关系，因此基于温度场的模型可以实现激光加热辅助车削加工过程的优化。激光加热辅助车削氮化硅材料的优化流程如图 6-8 所示。首先根据经验确定 T_{cut} 与 T_{max} 的优化目标，在每个计算载荷步后，提取切削区的平均温度，将其值与优化目标值相对比，进而调节激光功率使下个载荷步的 T_{cut} 更加接近优化目标值，使其保持稳定。在基准工艺参数的条件下，得到的激光功率的变化历程及 T_{cut} 与 T_{max} 的预测值如图 6-9 所示。切削区平均温度基本保持恒定，最高温度与参数不变的工艺参数相比有明显的降低，减小了裂纹产生的可能性，达到了提高加工质量的目的。

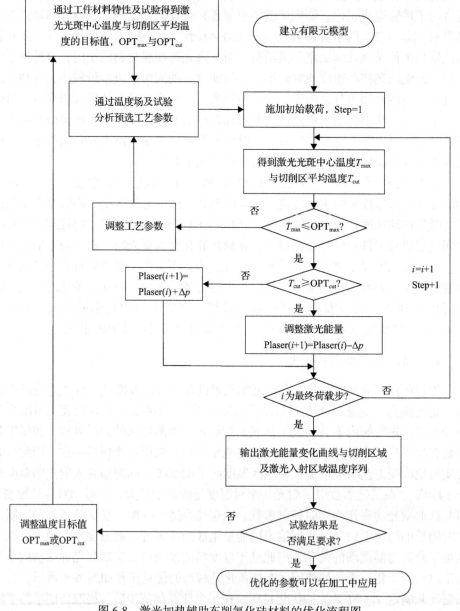

图 6-8　激光加热辅助车削氮化硅材料的优化流程图

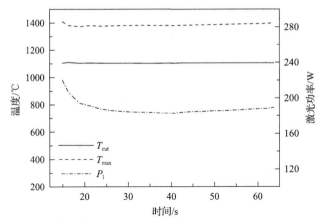

图 6-9 激光功率的变化历程及 T_{cut} 与 T_{max} 的预测值

6.1.2 铣削加工工艺参数优选

激光加热辅助铣削的工艺参数包括激光功率 P_1、激光光斑直径 D_1、激光移动速度 v_1、预热时间 t_p、切削深度 a_p，切削宽度 a_e、切削速度 v_c、进给量（每转进给量 f、每齿进给量 f_z）、齿数 z、进给速度 v_f、主轴转速 n、光斑中心与铣刀边缘距离 L_1。其中进给相关的参数之间的关系为

$$v_1 = v_f = nf_z = nzv_f \tag{6-1}$$

式中，v_f 为进给速度（mm/s）；n 为主轴转速（r/min）；f_z 为每齿进给量（mm）；z 为齿数。工件长 17mm、宽 4mm、高 10mm，立铣刀直径为 32mm，在温度场研究中刀具在工件上表面的切削轨迹是直线，切削区的截面如图 6-10 所示。通过研究工艺参数对切削区温度的影响规律，获得选择参数的方法，分析参数如表 6-2 所示，激光光斑中心与铣刀边缘距离为 3.5mm。

1. 工艺参数对温度的影响规律

采用基准工艺参数，激光移动 8mm 后的温度场及切削区温度分布如图 6-11 所示。工件在初始阶段温度很低，通过预热提高切削区域初始阶段的温度，当达到合适的加工温度后加工开始。激光作用在工件表面使表面温度迅速升高，通过热传导向工件内部传递热量。激光光斑中心处的温度最高，激光扫描过的区域由于热传导及向外对流、辐射的作用温度逐渐降低，一旦远离激光入射位置，温度就迅速下降。由切削层的温度分布可知，距离激光光斑中心越远温度越低，在工件侧面刀具接触的最低点处温度最低，激光加热辅助铣削的研究中都以此切削区最低温度 T_{min} 来衡量切削区温度及材料软化程度。

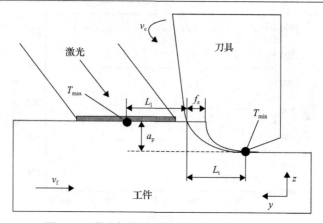

图 6-10　激光加热辅助铣削切削区截面示意图

表 6-2　激光加热辅助铣削仿真工艺参数

参数	P_1/W	D_1/mm	$v_f/(\mathrm{mm/min})$	t_p/s
基准参数	140(1)	4	12	20
变化参数	100(2)	2(5)	6(7)	10(10)
	160(3)	3(6)	9(8)	40(11)
	200(4)	—	18(9)	—

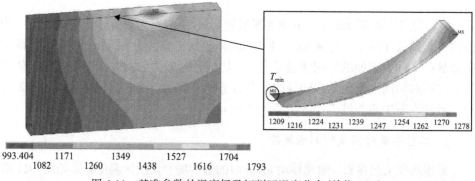

图 6-11　基准参数的温度场及切削区温度分布(单位：℃)

　　工件尺寸相对较小，在激光的作用下温度整体升高，因此工件的尺寸也会影响温度场分布。工件尺寸对 T_{cut} 与 T_{max} 的影响规律如图 6-12 所示，其中工件 1 高为 10mm，工件 2 高为 15mm。工件 1 采用 120W 功率得到的切削区温度可以达到工件 2 采用 140W 功率得到的切削区温度，并且激光光斑中心的温度较低。所以较小的工件尺寸可以在保证切削区温度的条件下对表面的影响较轻。

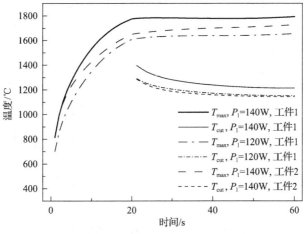

图 6-12 工件尺寸对 T_{cut} 与 T_{max} 的影响规律

在激光加热辅助铣削工件过程中，激光可以沿两个方向入射，激光入射方向示意图如图 6-13 所示。激光入射光斑要覆盖材料去除的区域，两种入射方式照射的面积不同，其温度分布也不同，对温度的影响规律如图 6-14 所示。沿 y 方向入射可以采用较小的能量达到相同的 T_{cut}，但是 T_{max} 值较高。在试验中上表面的材料都被去除，对入射区域的面积没有要求，因此采用沿 x 方向加工。如果加工连续轨迹，那么要求激光影响的区域尽可能小，适于采用 y 方向加工，以保证加工区域外的表面不受到激光烧蚀影响。

采用表 6-2 所示的工艺参数进行模拟计算，可得到工艺参数对 T_{max} 与 T_{cut} 的影响规律，如图 6-15 所示。预热时工件处于静止状态，温度迅速升高，达到合适的加工温度后开始加工。由于加工初始阶段激光入射在工件边缘，向周围的热传导受到了限制，此时 T_{cut} 值最高，随着加工的进行，T_{cut} 逐渐降低，达到一个稳定的状态。

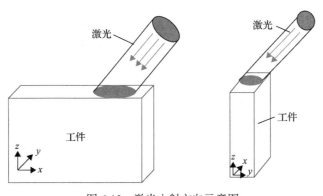

图 6-13 激光入射方向示意图

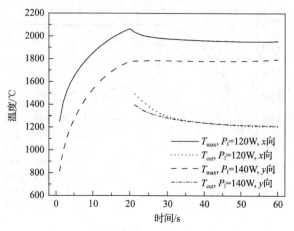

图 6-14　激光入射方向对温度的影响规律

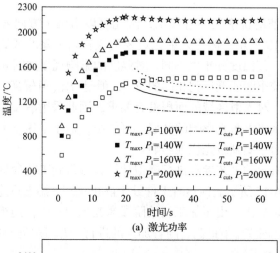

(a) 激光功率

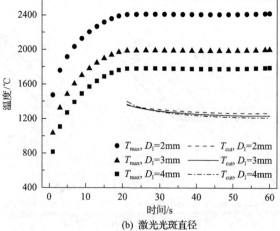

(b) 激光光斑直径

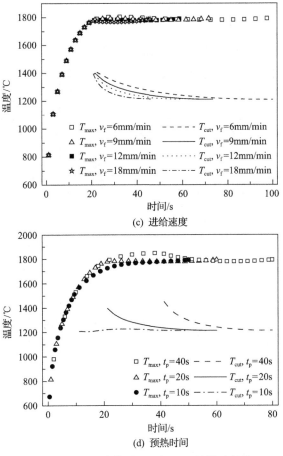

(c) 进给速度

(d) 预热时间

图 6-15　工艺参数对 T_{cut} 与 T_{max} 的影响规律

激光功率是影响温度的主要参数，功率越高，工件吸收的能量越多，T_{max} 与 T_{cut} 越高，如图 6-15(a)所示。在其他条件相同的情况下，激光光斑直径覆盖的区域越小，刀具与激光光斑中心的距离就越小，T_{cut} 略有升高。但是激光光斑直径变小使激光功率密度增加、能量集中，激光照射区域温度明显升高，尤其是激光光斑中心的温度，增加尤为显著，如图 6-15(b)所示。随着进给速度降低，更多的能量沉积在工件中，得到更高的温度。激光加热一段距离后，工件吸收的能量与向外对流、辐射传导的热量基本达到平衡，在选择的参数范围内改变进给速度对 T_{max} 与 T_{cut} 的影响较小，如图 6-15(c)所示。预热阶段初期 T_{max} 升高很快，随着温度升高工件向外界辐射的热量逐渐增加，使 T_{max} 的升高逐渐变缓，最后达到稳定状态，即使增加预热时间温度也不改变，如图 6-15(d)所示。

2. 工艺参数对应力场的影响

采用基准参数时，加热结束时刻的应力场分布如图 6-16 所示，在激光作用下的局部区域温度很高，体积迅速膨胀，但是周围区域温度较低，膨胀部分受到挤压，主要受到压应力的作用，其中最大压应力处于激光光斑边缘位置。随着与激光光斑中心的距离增加，压应力逐渐减小，在工件表面受挤压区域周围形成了一段较窄的受拉应力的弧形区域，最大表面拉应力位于激光光斑下方的区域。

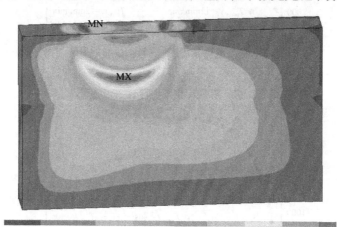

-0.830E+07　　　0.256E+08　　　0.595E+08　　　0.934E+08　　　0.127E+09
　　0.865E+07　　　0.425E+08　　　0.764E+08　　　0.110E+09　　　0.144E+09

(a) 第一主应力，σ_{11}

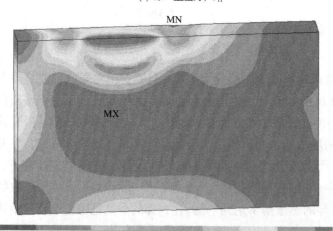

-0.311E+09　　-0.242E+09　　-0.172E+09　　-0.102E+09　　-0.325E+08
　　-0.277E+09　　-0.207E+09　　-0.137E+09　　-0.674E+08　　0.239E+07

(b) 第三主应力，σ_{33}

图 6-16　基准参数的应力场分布(单位：Pa)

采用基准工艺参数时，激光加热工件表面最大主应力随时间的变化规律如图 6-17 所示。在预热后的加热过程中，σ_{11} 与 σ_{33} 基本保持不变，应力状态比较稳定，加热结束时的应力状态能够反映加工过程中的应力状态。加热结束时，激光功率对表面最大主应力的影响规律如图 6-18 所示。激光功率越大，激光光斑作用区域温度越高，温度梯度越大，σ_{11} 与 σ_{33} 随激光功率增加而增大。激光光斑直径越小，单位面积的功率密度越高，温度梯度越大，σ_{11} 随直径的减小而增加，σ_{33} 增加幅度较小。选择不同激光进给速度与预热时间加热结束时激光光斑中心温度与切削区温度变化较小，对热应力的影响也很小。高温下氮化硅陶瓷的拉伸强度约为 450MPa，所选工艺参数的最大拉应力均小于许用应力值，理论上不会因为热应力引起工件开裂。

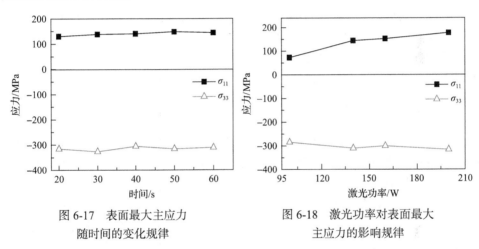

图 6-17　表面最大主应力　　　　　图 6-18　激光功率对表面最大
　　　随时间的变化规律　　　　　　　　主应力的影响规律

3. 工艺参数的选择

在激光加热辅助铣削氮化硅陶瓷材料时，切削条件与温度条件都满足需要才能实现平稳加工。在温度方面，必须满足下列条件：①切削区温度在一定范围内，能保证加工顺利进行，即能超过材料软化的温度并且在材料烧蚀温度以下。②工件表面的温度梯度尽可能小，防止产生热应力裂纹，在切削力的作用下裂纹扩展导致工件损坏。③激光与刀具之间有一定距离，保证有适当的延迟，从而使热量传递进入工件内部。试验中采用高斯分布激光束，激光的能量大部分集中在光斑中心，因为热传导的作用，激光光斑周围的区域温度迅速降低，温度较高的区域与激光边缘还有一段距离，足够使热量传导至切削深度。所以激光光斑与刀具距离应该尽可能小，同时尽量避免激光光斑入射在刀具上，造成激光照射刀具的损伤。

通过上述温度场研究，结合激光加热辅助铣削的加工特点及加工系统的硬件条件，激光加热辅助铣削的试验参数选择如下：激光功率是改变切削区温度的主要参数，根据材料的软化温度可以选择合适的激光功率，$P_1=140\sim200\text{W}$；由陶瓷材料的切削参数考虑，进给量通常较小，$f_z=0.01\sim0.03\text{mm}$；进给速度为 $v_f=6\sim18\text{mm/min}$；选择较大的激光光斑直径可以使激光光斑中心温度降低，温度梯度减小，$D_1=3\sim4\text{mm}$；加工预热的时间以最低温度点到达软化温度为宜，$t_p=20\text{s}$；由于工件尺寸较小，整体温度较高，由温度场分布可知，在 0.5mm 切削深度以内的局部材料都在软化温度以上。

6.2　高温合金加工工艺参数优选

6.2.1　K24 高温合金的激光加热辅助铣削工艺参数

在激光加热辅助铣削加工中，由于切削点位置随进给量的变化而变化，人工热电偶测温只能测量到定位点的温度变化，难以测量到试件内部的温度变化。因此，采用修正后的模拟模型预测试件切削区的温度场分布，并根据计算得到的温度场选择合理的加工参数，以指导加工试验。

1. 预热时间对试件温度场的影响

工件表面吸收能量后向内部传导，激光入射初始阶段由于切削深度范围内温度没有达到预期温度，激光加热辅助铣削效果并不明显，因此需要将工件预热到一定温度再开始加工。

预热时间 t_p 对加工起始点温度的影响规律如图 6-19 所示。预热时间越长，加工起始点温度越高，但随着加工进行，预热得到的能量逐步向工件内部传递，吸收的热量与向周围传导的热量达到热平衡，此时加工进入准稳态，温度稳定并且

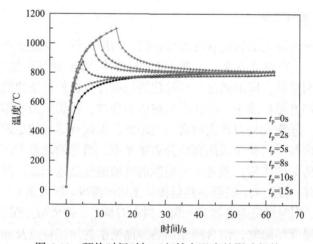

图 6-19　预热时间对加工起始点温度的影响规律

受预热时间的影响很小。未预热时加工起始点温度很低，随着加工的进行，切削区域最低温度逐渐升高，约 15s 后达到平衡不再升高，加工起始阶段温度很低，材料的抗拉强度、弹性模量及剪切模量均无明显变化，激光加热辅助铣削效果不明显，且由于常温下 K24 硬度很高，加工困难，影响刀具的使用寿命。而预热温度过高，如预热温度最高达 1100℃，会对基体组织产生影响，预热时间适中可达到最佳的效果。从图中可知，本组参数最佳预热时间为 5～8s。

2. 激光功率对切削区温度场的影响

铣削过程中采用不同的激光功率加热试件，在同一深度下材料被加热的程度不同，功率越大温度越高。根据 K24 材料随着温度升高抗拉强度、弹性模量及剪切模量降低的特点，选择合适的激光功率，确保不同铣削参数下切削区温度达到理想的切削温度。激光照射到工件表面，表面吸收能量迅速升温，并且热量向工件内部传导及扩散。激光光斑能量呈高斯分布，所以光斑中心处的温度最高，远离激光光斑中心处的温度下降很快，温度梯度很大。在工件侧面与激光光斑中心点直线距离最远且与刀具接触点的温度最低，以此温度作为评价切削区域材料因温度升高而抗拉强度、弹性模量及剪切模量下降程度的标准。图 6-20(a) 为不同功率下切削区最低温度随时间变化的规律，能量越高达到平衡状态时切削区最低温度越高。

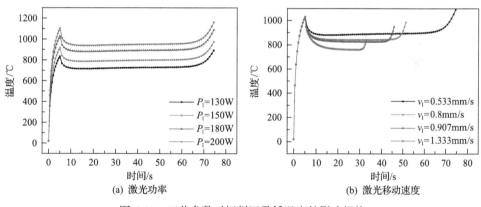

图 6-20　工艺参数对切削区最低温度的影响规律

3. 激光移动速度对切削区温度场的影响

当激光功率相同时，不同激光移动速度也是影响切削区最低温度的主要因素，而镍基铸造高温合金 K24 材料的导热系数较低，激光移动速度过快，激光光斑中心点的热量尚未到达切削区，切削区的材料就被去除，单位体积内吸收的激光能量减少，也是造成切削区温度降低的原因。不同移动下切削区最低温度随时间的变化规律如图 6-20(b)所示。从图中可知，激光移动速度越快，切削区最低温度越小。

6.2.2　Inconel 718 合金的激光加热辅助铣削工艺参数

　　激光加热温度场分布影响切削加工切入点的预热温度，采用 ANSYS 有限元分析激光预热温度场的分布，可以确定切削加工切入点的温度，并对其进行调节。温度场模型激光光斑尺寸为 5mm×3mm，切削位置距离激光光斑中心为 3mm。当激光功率为 250W、激光移动速度为 0.1mm/s 时，激光预热工件的温度场模型如图 6-21 所示。

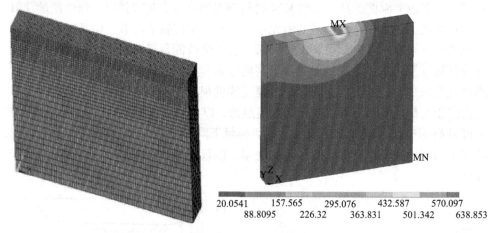

20.0541　　157.565　　295.076　　432.587　　570.097
　　88.8095　　226.32　　363.831　　501.342　　638.853

图 6-21　激光预热工件温度场分布图(单位：℃)

　　从温度场分布图可以看出，激光入射点的温度最高，其他区域的温度随距离的增加而降低。工件预热的温度梯度呈半圆形分布，距离激光入射点越近温度梯度越高，并且在激光入射点扫描过后伴随着温度的急剧下降。在一定功率下不同切入点深度对激光预热温度的影响如图 6-22 所示，在初始时间为激光入射点静止的温度预热阶段，预热温度迅速达到入射点温度的设定值，激光入射点开始以 0.5mm/s 的速度移动，预热温度随着切入点深度的增加而降低。

　　1. 不同预热温度的激光功率的选择

　　激光加热辅助高速铣削过程中，需要选择不同的激光功率对工件进行预热。激光功率对工件预热温度的影响情况如图 6-23 所示。

　　如图 6-23 所示，预热温度随着激光预热时间的延长而升高，并且随着功率的增加也有所升高。当激光功率为 250W 时，温度最终恒定在大约 1250℃；当激光功率较大时，工件预热温度升高得很快，且工件预热温度容易过高。预热激光功

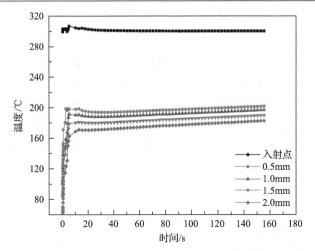

图 6-22　切入点深度对预热温度的影响

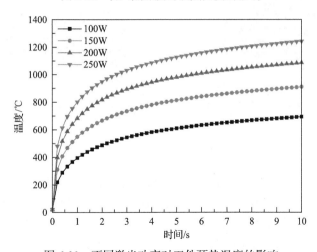

图 6-23　不同激光功率对工件预热温度的影响

率的选择很重要，主要参考依据是激光预热达到预热温度的时间：如果达到指定预热温度时间过短，那么时间不易控制，容易预热温度过高；如果预热温度时间过长，那么预热影响的区域太大，容易引起工件成分的变化。

　　从预热温度和预热时间两方面考虑，对不同的预热温度采用不同的预热时间和激光功率，具体的选择如表 6-3 所示。

表 6-3　不同预热温度值的预热时间及激光功率

预热温度/℃	300	400	500	600	700	800	900	1000
预热时间/s	0.45	1.05	0.75	1.35	1.1	1.8	1.6	2.6
激光功率/W	100	100	150	150	200	200	250	250

2. 激光功率对温度场的影响规律

激光加热辅助铣削过程中，对温度场影响的激光参数主要有激光功率、激光移动速度。激光在不同功率下的温度场分布如图 6-24 所示。在激光功率增大的情况下，激光光斑的形状基本没有变化，但是工件表面的温度上升明显。经过仿真数据对比，激光功率为 200W 和 100W 时，激光光斑中心点后方 3mm 处的工件表面温度分别为 414.5℃和 259.1℃，激光光斑中心点的温度分别为 907.6℃和 558.0℃。激光功率和表面热流密度成正比，激光功率越大，表面热流密度越大，工件材料表面吸收的热量越多，导致工件表面的温度也越高。

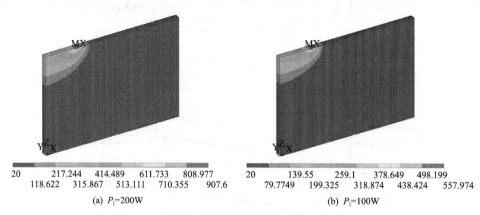

图 6-24　激光功率不同时的温度场分布(单位：℃)

当激光移动速度为 0.5mm/s 时，在不同激光功率下，激光光斑中心点扫描路径上的温度分布如图 6-25 所示，温度变化规律基本一致，随着激光功率的增大，测温点温度升高。结合温度云图分布分析，在其他工艺条件不变的情况下，改变激光功率可以有效提高工件表面温度，但对温度场的分布影响不大。当激光移动速度为 0.5mm/s 时，不同激光功率下距离工件上表面深度的温度变化规律如图 6-26 所示。

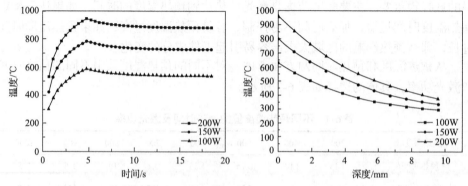

图 6-25　不同激光功率下中心点温度变化曲线　　图 6-26　不同激光功率下温度随深度变化

随着激光功率的增加，工件的温度升高，工件的温度梯度也增大。

3. 激光移动速度对温度场的影响规律

不同激光移动速度时温度场分布如图 6-27 所示。随着移动速度的增加，加热区的形状发生了微小的变化，在移动方向上，光斑椭圆轮廓线的轴长变长。当光斑移动速度为 0.5mm/s 和 2.5mm/s 时，光斑中心点处的温度分别为 829.235℃和 609.187℃。扫描速度越快，光斑在相同的工件表面面积上作用时间越短，工件表面单位时间内能吸收的热量越小，工件表面温度就越低，如图 6-28 所示。不同激光移动速度下距离工件表面不同深度的温度曲线如图 6-29 所示。随着深度增加，工件表面温度降低很快，温度变化速度变慢，并逐渐趋于平稳。通过控制激光功率与激光移动速度，控制激光加热的深度，可使工件性能和组织保持不变。

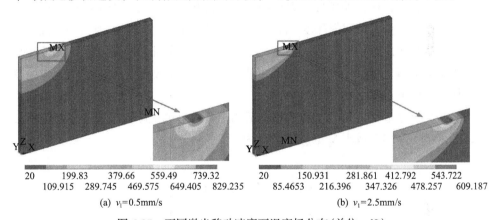

图 6-27　不同激光移动速度下温度场分布(单位：℃)

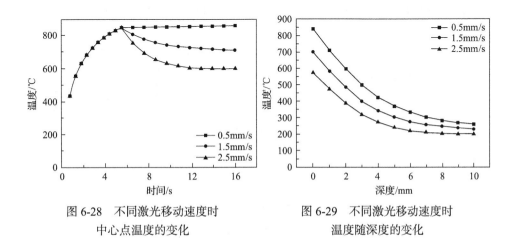

图 6-28　不同激光移动速度时
　　　　　中心点温度的变化

图 6-29　不同激光移动速度时
　　　　　温度随深度的变化

6.3　激光加热辅助铣削工艺参数优化技术

对激光加热辅助铣削加工工艺参数进行优化，要根据加工实际情况，以工时短优先，并优先考虑最大生产率；但得到的加工参数并不能获得最大经济效益。若以最优加工质量为目标，则得出的参数铣削效率较低，因此需要考虑实际需求，确定优化目标，以获得用于指导实际生产的最优参数。

6.3.1　优化目标设定

1. 最低加工成本目标函数

铣削过程中，机床的型号、刀具的几何参数和工件的尺寸确定以后，切削速度 v_c、每齿进给量 f_z 及切削深度 a_p 是影响参数优化的主要因素。因为一次铣削加工的加工余量决定着切削深度 a_p，若一次进给就能将全部的余量铣削掉，则 a_p 是一个固定的数值，所以在参数优化的过程中 a_p 作为常数处理，而需要被优化的变量是切削速度 v_c 与每齿进给量 f_z。

在某个工序下加工一个工件所要花费的总费用是单工序加工成本，单位为分钟，某个单工序加工成本 S_z 的数学模型为

$$S_z = S_m \left(t_m + t_0 + t_c \frac{t_m}{T_c} \right) + S_t \frac{t_m}{T_c} \tag{6-2}$$

式中，S_m 为该工序单位时间内的切削成本；t_m 为铣削过程所花费的加工时间；t_0 为加工过程中的辅助时间；t_c 为更换刀具所需的时间；T_c 为刀具寿命；S_t 为刀具的费用。

在加工过程中，铣削 $L \times W \times H$ 的工件，刀具进给一次可以将余量全部切除，其铣削加工所需要的时间 t_m 为

$$t_m = \frac{\pi D L}{1000 f_z v} \tag{6-3}$$

刀具寿命的公式为

$$T_c = \frac{C_v}{v_c^{\frac{1}{m}} f_z^{\frac{1}{n}} a_p^{\frac{1}{q}} T^{\frac{1}{u}}} \tag{6-4}$$

或

$$T_c = \frac{102.5}{v_c^{\frac{1}{0.22}} f_z^{\frac{1}{0.58}} a_p^{\frac{1}{0.31}} T^{\frac{1}{1.96}}} \tag{6-5}$$

式中，C_v 为刀具寿命系数；T 为切削区温度；$1/m$、$1/n$、$1/q$、$1/u$ 为刀具寿命的影响指数。将最低加工成本作为待优化的目标函数是指加工过程中每个工序所需的费用最低。将式(6-2)、式(6-3)代入式(6-1)得到加工成本 S_z 为

$$S_z = A + \frac{B}{v_c f_z} + CV^{\frac{1-m}{m}} f_z^{\frac{1-n}{n}} T^{\frac{1}{u}} \tag{6-6}$$

其中，

$$A = S_m t_0$$

$$B = \frac{\pi LD S_m}{1000}$$

$$C = \frac{\pi LD a_p^{\frac{1}{q}} (S_m t_c + S_t)}{1000 C_v}$$

2. 最大生产效率目标函数

最大生产效率是指在一次加工过程中所需要的切削时间最短。一个工序的加工时间包括铣削工件所需的时间、更换刀具所需的时间、辅助时间。最大生产效率公式为

$$t = t_m + t_0 + t_c \frac{t_m}{T_c} \tag{6-7}$$

3. 最优加工质量目标函数

以由高温合金 Inconel 718 的加工试验结果得到的表面粗糙度经验公式作为表达式，并作为目标函数，对工艺参数进行优化，模型为

$$R_a = 10^{-0.335} v_c^{-0.188} T^{0.175} a_p^{0.156} f_z^{0.324} \tag{6-8}$$

4. 材料去除率目标函数

材料去除率是指刀具在单位时间内从工件金属上切除的金属体积，它是衡量

金属切削加工效率的指标，优化的目的是获取最大的生产率，减少加工时间。铣削加工材料去除率的公式为

$$M = \frac{1000 z v_c f_z a_p a_e}{\pi F \Phi} \tag{6-9}$$

$$v_c = \frac{\pi \Phi n}{1000} \tag{6-10}$$

可得

$$M = n z f_z a_p a_e \tag{6-11}$$

上述式中，Φ 为刀具直径。

5. 设计目标变量

为了获得最大的经济效益，在实际生产过程中需要综合考虑多方面的因素，此时需要考虑最大的生产效率和最低的加工成本。因此，这个问题在工程上应该是多目标优化问题，这类问题需要给每个目标函数分配一个权重，然后分别乘以权重，最后相加得到所需的数学模型。这时，就把多目标优化问题转化为单个函数的优化问题。权重越大，目标函数越重要，其大小需要根据实际加工情况确定，此模型中设置 λ_1 与 λ_2 为 0.5。

$$\min f(x_1, x_2) = \lambda_1 S_z + \lambda_2 t \tag{6-12}$$

式中，λ_1、λ_2 为权重，且 $\lambda_1 + \lambda_2 = 1$。

最低加工成本和最高生产效率的目标函数值不在同一个数量等级上，最小单件加工工时的量级相对较低。因此在设计参数优化系统前需要将 F_1 和 F_2 进行规范化处理，然后再代入多目标优化函数中，规范化公式为

$$\overline{F_1(X)} = \frac{S_z}{\max(S_z)} \tag{6-13}$$

$$\overline{F_2(X)} = \frac{t}{\max(t)} \tag{6-14}$$

优化目标变为

$$\min f(x_1, x_2) = \lambda_1 \overline{F_1(X)} + \lambda_2 \overline{F_2(X)} \tag{6-15}$$

6.3.2 边界约束条件

根据激光加热辅助铣削的工艺参数范围，得到边界约束条件如下。

(1) 切削速度的范围：切削速度应该在最小速度 v_{min} 和最大速度 v_{max} 之间。

$$v_{min} \leqslant v_c \leqslant v_{max}, \quad v_{min} = 40m / min, \quad v_{max} = 300m / min \quad (6-16)$$

(2) 每齿进给量的范围：应该在最小进给量 f_{zmin} 和最大进给量 f_{zmax} 之间。

$$f_{zmin} \leqslant f_z \leqslant f_{zmax}, \quad f_{zmin} = 0.01mm, \quad f_{zmax} = 0.2mm \quad (6-17)$$

(3) 最大主切削力的范围：

$$F_c = 10^{3.66} v_c^{0.339} T^{0.002} f_z^{0.334} a_p^{0.355} \leqslant F_{cmax}, \quad F_{cmax} = 600N \quad (6-18)$$

(4) 最大表面粗糙度的范围：

$$R_a = 10^{-0.335} v_c^{-0.188} T^{0.175} a_p^{0.156} f_z^{0.324} \leqslant R_{a max}, \quad R_{a max} = 0.5\mu m \quad (6-19)$$

(5) 最大切削功率的范围：

$$P_c = F_c v_c / 1000 \leqslant P_{cmax}, \quad P_{cmax} = 50kW \quad (6-20)$$

(6) 激光加热温度的范围：

$$300℃ \leqslant T \leqslant 800℃ \quad (6-21)$$

6.3.3 遗传算法优化技术

遗传算法是一种基于自然选择与遗传知识理论体系上的一种优化算法，具体地说，就是将适者生存法则和染色体交换结合起来的能在全局寻找最优解的算法。该算法在优化函数时不是从某个解开始搜索，而是从可能解的串集搜索，这是该算法最大的特点。普通的优化算法是从单一的初值进行迭代计算来寻找整个函数的最优解，此方法的弊端在于极易进入局部最优解。遗传算法是从函数的所有可能解的串集进行迭代，其搜索的范围更加广泛，有利于从全局出发选择最优解。

优化过程中，遗传算法能够对所有个体进行分析，以评估每个解的优劣程度，并及时地将陷入局部最优解的个体排除在外，从而保证算法的精确性和高效性。遗传算法对种群进行淘汰时主要依据适应度函数，适应度函数值大就说明个体能被遗传到下一代；相反，适应度函数值小就代表个体的适应性差，会被淘汰掉。适应度函数不仅不受连续可微条件的限制，并且其定义域可以任意设定，使得遗传算法在优化函数中得到广泛的应用。

遗传算法具有自组织性、自适应性和自学习性的特点。该方法能够同时处理多个解，从而缩短遗传算法优化函数的时间，提高求解效率。遗传算法中的操作主要为选择、交叉和变异等。基于遗传算法的切削参数优化的实现过程如下。

(1)个体编码，用无符号二进制整数来表示个体基因型。

(2)对优化变量主轴转速 n、切削速度 v_c、切削深度 a_p、切削宽度 a_e 进行初始化，每个个体可通过随机方法产生，作为初始群体。

(3)计算适应度，它决定了种群中个体遗传机会的大小；选取选择策略，采用轮盘赌选择法，个体遗传机会取决于个体适应度，如式(6-22)所示：

$$P_i = \frac{k_i}{\sum_{i=1}^{m} k_i} \tag{6-22}$$

式中，P_i 为个体的选择概率；m 为种群的大小；k_i 为个体 i 的适应度。

(4)选择运算，将目前群体中适应度较高的个体按某种规则或模型遗传到下一代群体中。根据物竞天择的法则，适应度较高的个体将有更多的机会遗传到下一代群体中。采用与适应度成正比的概率来确定各个个体遗传到下一代群体中的数量。

(5)交叉运算，模拟自然界基因交叉遗传的过程，是产生新个体的主要操作过程，它以一定的概率将某两个个体之间的部分染色体互相交换。交叉运算不仅保留了原种群的优良个体特性，而且产生新的基因使得群体中个体的多样性得以保持。选择单点交叉方法，具体交叉过程如下。

第一，群体的个体随机配对。

第二，对个体 a 与个体 b 的随机位置进行交叉，互换部分基因，作为下一代个体。

(6)变异，如同基因突变的过程，变异是随机的，与种群的数量无关。选择和交叉运算是局域搜索，容易陷入局域最优解。而为了找出全局最优解，必须跳出局域搜索，这就需要"创新"，这就是变异算子的作用。

在实际加工过程中，起决定性作用的因素主要有主轴转速 n、切削速度 v_c、切削深度 a_p 以及加热温度 T，采用最低加工成本为目标优化函数。以上述四个因素作为变量在 MATLAB 软件中编写.m 文件的主要部分程序代码，具体如下所示。

```
Size=100;                              %种群大小
CodeL=4;                               %变量个数
MinX(1)=40;
```

```
MaxX(1)=300;                              %第一个变量上下极值(切削速度 vc)
MinX(2)=0.01;
MaxX(2)=0.2 ;                             %第二个变量上下极值(进给量 fz)
MinX(3)=0.1;
MaxX(3)=1;                                %第三个变量上下极值(切削深度 ap)
MinX(4)=300;
MaxX(4)=800;                              %第四个变量上下极值(切削宽度 ae)
%种群初始化
E(:,1)=MinX(1)+(MaxX(1)-MinX(1))*rand(Size,1);
E(:,2)=MinX(2)+(MaxX(2)-MinX(2))*rand(Size,1);
E(:,3)=MinX(3)+(MaxX(3)-MinX(3))*rand(Size,1);
E(:,4)=MinX(4)+(MaxX(4)-MinX(4))*rand(Size,1);
G=2000;                                   %代数
BsJ=0;
Pc=0.90;                                  %交叉概率
waiteh=waitbar(0,'正在进化......');
    F(i)=F1FitValue(x1,x2,x3,x4);         %适应度函数
    Ji=1./F;
    BsJi(i)=max(F);
    BsJi(i)=max(Ji);
  end
%选择操作
fi_sum=sum(fi);                           %求当代适应度函数值的和
fi_Size=(Oderfi/fi_sum)*Size;            %选择 fi 最大的
fi_S=floor(fi_Size);                      %取整至负无穷
[RestValue,Index]=sort(Rest);            %排序(从小到大排序)
for i=Size:-1:Size-r+1                    %使适应度大的个体遗传到下一代
fi_S(Index(i))=fi_S(Index(i))+1;         %避免剩下的个体等于种群大小(对 Rest 值
大的数值所对应的取整值加一);保证 fi_S 的和等于种群的大小(选择上的计数,有的个体被
选择的概率增大,0代表被淘汰,1代表被选择一次,2代表被选择两次)
    %交叉操作
for i=1:2:(Size-1)
      for i=1:1:(Size-1)
        if Pc>rand
           alfa=rand;
```

```
        TempE(i,:)=alfa*E(i+1,:)+(1-alfa)*E(i,:);
        TempE(i+1,:)=alfa*E(i,:)+(1-alfa)*E(i+1,:);
    end
end
%变异操作
Pm=0.10-[1:1:Size]*(0.01)/Size;        %自适应改变变异概率
Pm_rand=rand(Size,CodeL);              %随机生成100*4的矩阵
Mean=(MaxX+MinX)/2;                    %四个参数变量的均值
Dif=(MaxX-MinX);                       %四个参数变量的差值
for i=1:1:Size
    for j=1:1:CodeL
        if Pm(i)>Pm_rand(i,j)
            TempE(i,j)=Mean(j)+Dif(j)*(rand-0.5);
        end
    end
end
```

运用 Pareto 最优解对 S_z（目标函数 1）和 t（目标函数 2）组成的函数进行优化。图 6-30 表明，当生产率 t 最大时，加工成本 S_z 就最小。但实际生产过程中需要的是最大生产率和最小加工成本。这两个目标函数存在矛盾关系，将最大生产率取其负值，作为适应度函数的概念，然后将两者的权重均设为 0.5。

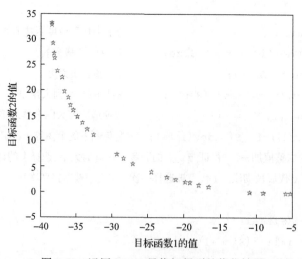

图 6-30　运用 Pareto 最优解得到的优化结果

采用遗传算法进行优化，种群的进化代数设定为 200，种群大小设定为 300，交叉概率是 0.8，变异概率设定为 0.2。图 6-31 为遗传算法的优化流程图。图 6-32

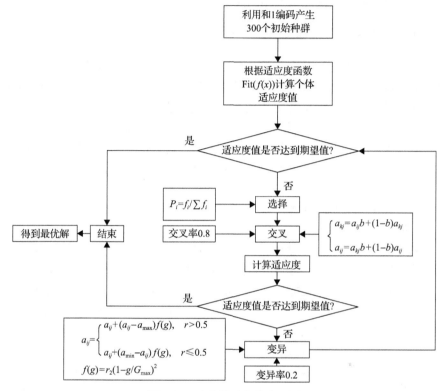

图 6-31　遗传算法优化流程图

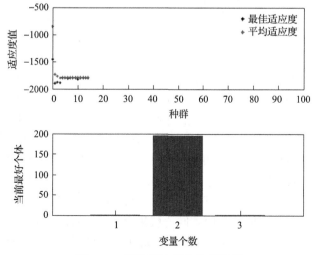

图 6-32　遗传算法优化的参数值

是遗传算法优化之后的结果显示，当进化至 15 代时，结果已经收敛。在切削速度为 115.3m/min，每齿进给量为 0.072mm，温度为 700℃条件下进行激光加热辅助铣削，可以得到加工成本和生产率的匹配。

6.3.4 基于 NSGA-Ⅱ多目标铣削参数优化

工程实践中的优化问题大多涉及多目标优化，不同的目标之间一般是相互矛盾的，很难找到一种解决方案使所有目标达到最优。其中一个目标达到最优必定会削弱其他目标，传统的优化方法大都采用权重法、ε 约束法、罚函数方法、层次优化法、全局准则法、目标规划法等，这些方法都是根据权重对不同的目标设置不同的系数，将其转换成单目标进行优化计算。但如果对目标的权重分配不当，就很难使目标达到最优，而且即使有权重变化机制也不能保证 Pareto 最优解。

NSGA 是 Srinivas 等提出的一种多目标优化算法，但该算法存在很多缺点，如计算复杂、无精英保存策略、需要设置分享参数等问题。针对上述问题，Deb 等于 2002 年提出了一种改进的多目标遗传算法，即非支配排序算法（NSGA-Ⅱ），该算法采用快速非支配排序过程、拥挤距离算子和精英保留策略，较好地克服了传统遗传算法的不足。而 NSGA-Ⅱ是一种基于 Pareto 最优概念的多目标遗传算法，Pareto 最优解也称非支配解（non-dominated solutions），它是一个最优解集，这些解之间就全体目标函数而言是无法比较优劣的，是一组均衡解，很好地避免了传统优化算法权重分配问题。

NSGA-Ⅱ算法在多目标优化过程中采用快速非支配排序过程、拥挤距离算子和精英保留策略，克服了 NSGA 的缺陷，是一种应用广泛的多目标优化算法。本节针对激光加热辅助铣削 Inconel 718 合金的试验结果，建立铣削力和表面粗糙度经验公式，并以铣削力和表面粗糙度经验公式作为目标函数，结合材料去除率理论公式，建立以三者为目标的铣削参数优化模型，实现铣削参数的最优化。NSGA-Ⅱ算法的具体流程图如图 6-33 所示。

（1）非支配排序。NSGA-Ⅱ算法中的快速非支配排序是依据个体的非劣解水平对种群分层，以此来指引搜索向 Pareto 最优解集方向进行。该算法对于种群 N 中每个个体 i 都需要两个参数 n_i 和 s_i，n_i 为种群中支配个体 i 的个体数目，s_i 为种群中被个体 i 支配的个体集合。首先要找出种群 N 中所有 $n_i=0$ 的个体，将其保存到当前集合 F_1 中（即非支配层级第一层）；然后对于集合 F_1 中每个个体 i，其所支配的个体集为 s_i，对于集合 s_i 中的每个个体 l，其 n_l 减 1，即支配个体 l 的个体数目减 1，因为在集合 F_1 中有支配 l 的个体，若 $n_l-1=0$，将其保存到集合 F_2 中（即非支配层级第二层）；然后再以 F_2 为当前集合，重复减少集合中支配个体的数目，直到整个种群 N 所有个体被分层。同一层集合个体被赋予相同的非支配序 i_{rank}。每层非支配级产生的流程如图 6-34 所示，每次重复此操作，整个种群 N 就被分为不同的非支配级。

(2)拥挤距离。同一层级数据集个体被赋予相同非支配序 r_{rank}，但是在随后的优化迭代过程中，同一层级的个体由于种群总数的限制不能完全进入下一代，因此存在一个优先次序问题，拥挤距离目的就是对同一层级的个体进行排序，个体 i 的拥挤距离与其相邻的个体 $i+1$ 和 $i-1$ 有关。图 6-35 为同一层级拥挤距离计算流程。在多目标优化过程中，面对同一层级的个体，系统会对个体按拥挤距离的大小进行排序，拥挤距离越大代表个体在该层级越优，为保证群体多样性，系统选取拥挤距离较大的个体。

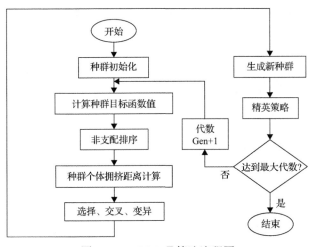

图 6-33　NSGA-Ⅱ算法流程图

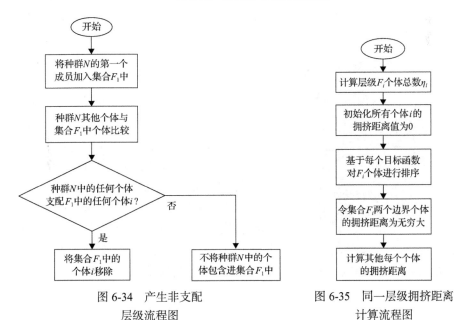

图 6-34　产生非支配
层级流程图

图 6-35　同一层级拥挤距离
计算流程图

(3)精英策略：精英策略算法的目标是防止种群在优化迭代过程中一些优秀个体流失，如图 6-36 所示。首先将种群数为 N 的父代 C_i 和 D_i 合成一个种群数为 $2N$ 的新一代种群，对该种群进行非支配排序，会产生一系列层级数据集 F_j，对各个层级的个体 i 进行拥挤距离计算。由于同一层级的个体被赋予相同非支配序 r_{rank}，系统首先会根据非支配序的大小进行排列，将非支配序值小的数据集作为优秀个体直接放入新父代种群 C_{i+1} 中，作为下一代的父代，直到某一数据集 F_j 在放入种群 C_{i+1} 时，种群数量超过 N，这时就需对 F_j 集中的个体按拥挤距离大小进行排序，将拥挤距离大的个体优先放入新父代种群中，直到种群 C_{i+1} 中的个体达到种群规模 N，其余个体将被淘汰。

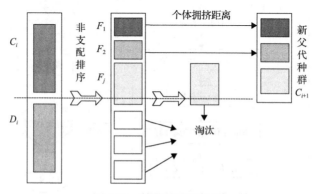

图 6-36　精英策略形象图

将切削力作为目标函数 $f(x_1)$，表面粗糙度作为目标函数 $f(x_2)$，材料去除率理论公式作为目标函数 $f(x_3)$，主轴转速、进给量、轴向切深、加热温度分别为 x_1、x_2、x_3、x_4，初始种群设为 200，迭代次数设为 1000，交叉概率为 0.85，变异概率为 0.3，对非铣削参数约束条件采用罚函数法处理，进行多目标优化。通过 NSGA-Ⅱ 算法求解最优 Pareto 解。

优化后切削速度为 135.4m/min，每齿进给量为 0.052mm，切削深度为 0.18mm，温度为 730℃，通过试验来验证遗传算法优化结果的优良度。试验结束后，测量工件表面的粗糙度，根据粗糙度判断结果是否正确。图 6-37 为试验后的加工表面，其表面粗糙度为 0.18μm，通过优化获得最优的表面质量。

图 6-37　激光加热辅助铣削加工表面

第7章 激光加热辅助铣削加工应用

7.1 温度反馈系统建立

7.1.1 激光反馈温度模型建立

对激光加热辅助铣削而言，切削区温度是一个重要参数，但激光热源和切削生热之间的热传导关系难以确定，需要结合切削生热模型建立精确的工件加工过程温度场模型。以往学者通常使用固定的激光功率进行加工，而在加工轨迹较为复杂或者加工至工件边缘位置时温度变化较大，对加工稳定性和工件质量产生影响。加热过程中，如果加热时间过长，会因高温导致局部的组织发生变化，使其吸收率提高，吸收的热量增加导致温度升高，刀具温度过高降低刀具寿命，最终可能引起工件被烧坏，降低加工表面的质量。因此在加工过程中，不宜采用激光功率作为温度的控制变量。

采用激光加热的控制目标是使切削区温度稳定，由前述温度场分析可得激光加热一段时间后，热量达到准稳态，激光光斑中心温度平稳变化。然而，高温合金材料在生产的过程中存在杂质，尤其是铸造高温合金，在加工过程中会出现温度突然升高的现象，此时需要对激光加热区域的温度进行控制。调节激光功率是控制激光加热能量的主要方法，并且控制方便。激光器可以通过控制电流调节激光器的发射功率建立温度反馈系统，通过监测点的温度反映切削区温度的变化规律，当温度过高时，使温度下降，反之使电流上升，从而得到温度控制反馈系统，如图 7-1 所示。系统实现的关键是得到监测温度与切削区温度的关系，通过调节能量控制监测位置温度达到控制切削区预热温度的目的。

通过红外温度计测量监测点的温度，得到监测点与切削区温度的关系是控制温度的关键。选择激光光斑的中心位置为监测点的位置，通过增加喷嘴可以避免切屑飞入激光加热区域所产生的干扰。温度监测示意图如图 7-2 所示，其核心是得到切削区温度与激光光斑中心温度的温度差，本方案采用仿真预测及神经网络计算的方法求出此温差，然后通过控制监测温度控制激光加热温度。

选择激光光斑尺寸为 5mm×3mm，切削位置距离激光光斑中心 3mm。激光功率为 250W，激光移动速度为 0.1mm/s，切削深度为 0.75mm 时，监测点温度 T_m、切削区温度 T_{cut} 与两者温度之差 ΔT 随时间变化如图 7-3 所示。加热过程分为预热与

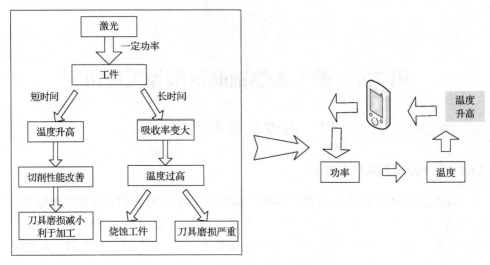

图 7-1　温度控制的反馈图

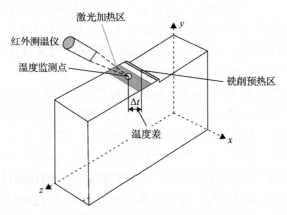

图 7-2　切削区温度监测示意图

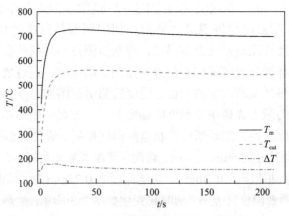

图 7-3　激光加热温度随时间的变化量

工件移动两个阶段，预热阶段工件静止不动，等待温度达到软化温度后开始移动。温度逐渐达到稳定，并且监测点温度 T_m 与切削区温度 T_{cut} 变化规律相同。两者的温差在预热后逐渐趋于稳定，并且变化量很小。取温度差作为求解的变量，即通过激光移动速度、监测点温度、切削深度等参数得到温度差，之后可以通过监测的温度修正激光预热的温度，研究工艺参数对激光加热辅助切削加工的影响。

7.1.2　神经网络训练计算

按照表 7-1 所选参数，进行工艺参数对温度差影响的模拟研究。监测点温度随激光功率增加、激光移动速度减小而升高。温度差随监测点温度的增加与激光移动速度的增大而升高，如图 7-4 所示。然而，温度差与激光移动速度、激光功率、激光监测点温度之间并无明显的量化关系。需要通过其他方法找到温度之间的联系。

表 7-1　神经网络训练参数

参数名称	参数取值
激光功率/W	50，100，150，200，250，300，350，400
激光移动速度/(mm/s)	0.2，0.4，0.6，0.8，1，1.2，1.5，1.8，2
切削深度/mm	0.25，0.5，0.75，1

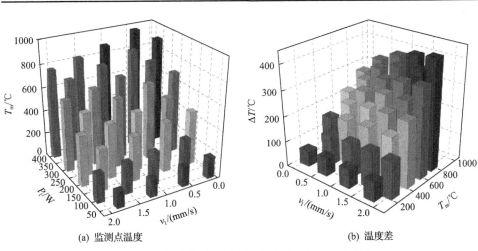

(a) 监测点温度　　　　　　　　　　　　　　(b) 温度差

图 7-4　工艺参数对监测点温度及温度差的影响规律

BP 神经网络是一种前馈型网络，具有结构严谨、工作状态稳定、可操作性强等特点，通过误差的反向传播算法进行训练。利用 BP 神经网络可以预测不同参数下的温度，实现步骤如下：

(1)选取训练样本，根据仿真结果提取的数据作为训练样本，训练时选用的参数如表 7-1 所示。将监测点温度 T_m、激光移动速度 v_l 与切削深度 a_p 作为输入,将温度差值作为输出。共仿真 32 组数据,选用其中的 28 组数据作为训练数据,其余 4 组作为检验数据。其样本数据如下:

p=[185.516, 172.225, 141.444, 463.499, 430.987, 354.658, 698.166, 651.596, 591.036, 541.286, 904.365, 847.119, 709.579, 318.633, 286.377, 263.868, 244.962, 563.606, 509.183, 470.833, 438.248, 776.305, 704.965, 654.252, 610.791, 966.390, 881.661, 768.259]

t=[49.665, 62.102, 78.949, 131.313, 140.683, 192.002, 204.886, 257.393, 228.597, 264.097, 276.918, 299.049, 307.983, 97.442, 119.969, 135.152, 147.235, 178.53, 189.129, 253.686, 243.490, 255.170, 318.478, 269.289, 305.468, 331.237, 357.768, 342.457]

(2)建立 BP 神经网络评价模型。采用多输入单输出的三层 BP 神经网络,输入层向量为切削速度、进给量、切削深度和工件的表面质量;输出层向量为刀具后刀面的磨损;隐含层节点数依据柯尔莫哥洛夫定理确定。因此,选取的输入层节点为 3 个,输出层节点为 1 个,隐含层节点为 9 个,则评价用 BP 神经网络结构为 3×9×1。

(3)确定 BP 神经网络各函数。按照功能要求选择 newff 创建 BP 神经网络,传递函数选择 tansig 和 purelin,学习函数、训练函数与性能函数分别为 earngdm、trainlm 与 mse。进行 BP 神经网络训练,BP 神经网络训练结果界面如图 7-5 所示。

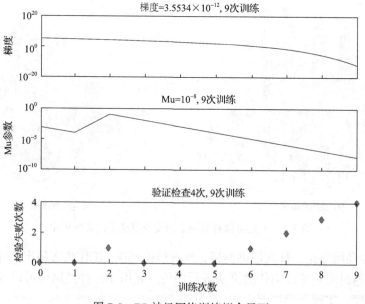

图 7-5 BP 神经网络训练拟合界面

　　(4)输出保存训练结果。利用得到的神经网络模型计算数据点,并与仿真结果进行比较,如图 7-6 所示。由图可知,采用训练点计算出的结果与仿真结果温度点基本重合,用于验证的 4 个温度点与仿真点也近似重合,误差小于 5%。结果表明,此模型能够预测监测点与切削区温度的差值,并能根据监测点温度对切削区的温度进行修正,或者计算达到一定切削区温度需要的监测点温度。激光功率可以通过温度反馈系统控制,使其达到预定的温度。

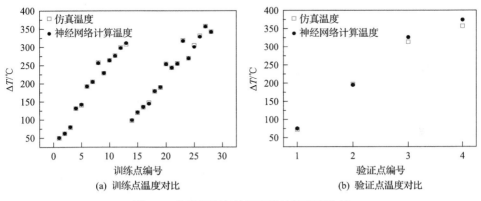

(a) 训练点温度对比　　　　　　　　　　　　(b) 验证点温度对比

图 7-6　仿真温度与神经网络计算温度比较

7.1.3　温度反馈模型仿真

　　激光功率是控制激光加热能量的主要手段,而且控制方便。激光器可以通过控制器调节输出功率,与所采集的温度反馈形成闭环,通过测量监测点的温度反映切削区温度的变化规律。对温度场有限元模型进行改进,在一定载荷步后读取激光加热区域的平均温度来模拟加工过程中对温度的测量,通过改变激光的功率密度模拟激光功率的变化,模拟温度反馈对温度的影响。

　　加热过程分为预热与激光扫描两个阶段,预热阶段温度随时间而上升,工件达到一定温度后工件开始移动。随着时间的推移,温度逐渐达到稳定状态,且监测点温度 T_m 与切削区温度 T_{cut} 变化趋势一致。采用温度监控反馈方式加热能得到稳定的温度,从而减小外界的影响,保证加工质量。

　　对不同的表面加热温度及激光加热速度需要设定不同的激光功率,不利于温度的控制,而采用温度激光反馈系统可以方便地设定激光预热温度。在上述修正的温度场模型基础上进行修改,采用有限元法进行离散,在每步求解后得到监测位置的温度,将此温度与参考温度进行比较,根据差值的幅度调整激光功率,使监测温度稳定,仿真程序过程如图 7-7 所示。

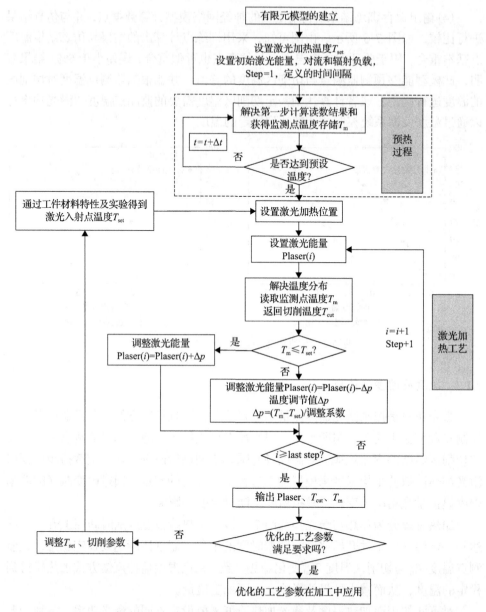

图 7-7　激光加热辅助铣削仿真温度控制流程

　　激光预热温度的反馈调节过程中,激光功率的调节直接影响预热温度的升降,因此要确定合理的激光功率调整参数,激光功率反馈公式如式(7-1)所示:

$$P_i = P_o \pm \frac{T_m - T_{ref}}{n} \tag{7-1}$$

式中，P_i 为现激光功率；P_0 为原激光功率；T_m 为监测点温度；T_{ref} 为设定的激光预热参考温度；n 为反馈系数。

ANSYS 反馈部分代码如下。

```
*do,i,1,60
/solu
QC=alaser*Plaser/(Wlaser*Llaser)      !激光加载热流密度
NSEL,all
sfdele,all,hflux     !去除热流密度边界
sfdele,all,conv      !去除对流边界
xc=Fiposi+step*i     !step为激光移动的步长
yc=0                 !激光光斑中心坐标，随着载荷步增加而增加，代表激光移动
ESEL,S,TYPE,,2
nsel,r,loc,x,0
SF,all,CONV,-1,20    !加载对流边界条件
allsel,all
...                  !省略其他位置对流边界条件
ESEL,S,TYPE,,2
nsel,r,loc,z,40e-3
nsel,r,loc,x,xc-Llaser/2,xc+Llaser/2
nsel,r,loc,y,yc-Wlaser/2,yc+Wlaser/2
sf,all,hflux,QC      !在激光加热节点范围内施加定义好的热流密度函数
allsel
tim=tim+step/vlaser  !载荷步的时间 vlaser为激光移动的速度
time,tim
solve
flag=flag+1
timelaser(flag)=tim
fini
/post1     !进入后处理器，读取检测点温度
nnummax=node(xc,yc,height)   !读取激光光斑中心点节点号
tempmaxa=temp(nnummax)       !读取激光光斑中心点温度
tempmax(flag)=tempmaxa       !将温度值储存在数组中
*if,tempmaxa,GE,tempref,THEN
```

```
Plaser=Plaser-(tempmaxa-tempref)/n  !n为反馈系数
*else
Plaser=Plaser+(tempref-tempmaxa)/n !比较温度调节激光功率
*endif
temppower(flag)=Plaser !将变化的温度存储
*enddo
```

反馈系数 n 是影响预热温度反馈过程中温度是否恒定的重要影响因素，它反映了激光功率变化的快慢，预热温度的恒定并不是激光功率反应速率快慢直接决定的，因此对于反馈系数 n 的选择利用 ANSYS 进行有限元分析，得到可以使预热温度恒定的适合的反馈系数 n。不同反馈系数 n 对参考温度的影响规律如图 7-8 所示。

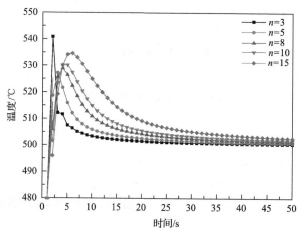

图 7-8　不同反馈系数 n 对参考温度的影响规律

从反馈系数 n 对参考温度的影响规律可以看出，反馈系数 n 越大，激光功率的反应速率越慢，达到参考温度稳定需要的时间越长，而且达到的最高温度与参考温度的温度差较大；反馈系数 n 过小时，激光功率的反应速率过大，瞬间达到很高的温度；故选择相对平稳的功率反馈系数，$n=5$。

自适应功率区域取监测温度 650℃、激光功率 250W 分别进行仿真，移动速度为 0.4mm/s 时得到激光光斑中心温度 T_{max} 与切削区温度 T_{cut} 如图 7-9 所示。结果表明，采用固定激光功率得到的激光光斑中心温度及切削区预热温度随着加工温度逐渐升高，并不能保证稳定的温度。而采用温度自适应控制方法可以获得较为稳定的预热温度，可以防止工件表面温度过高而引起已加工表面的损伤，保证了加工质量的一致性。

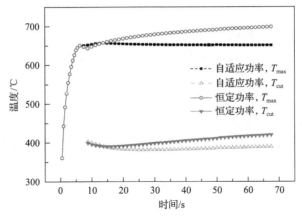

图 7-9　不同加热模式下的激光光斑中心温度和切削区温度

激光光斑中心的温度保持稳定，但切削加热温度还受激光移动速度的影响。采用温度场分析得到的结果如图 7-10 所示。结果表明，激光光斑中心温度稳定，随着激光移动速度降低，激光光斑中心温度升高，而随着激光加热能量的增加，移动速度对激光光斑中心温度的影响减小，从而可以通过控制激光光斑中心温度来控制激光加热。

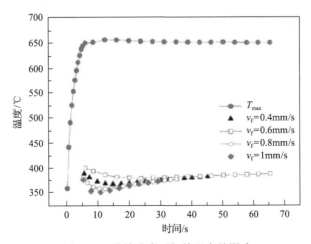

图 7-10　进给速度对加热温度的影响

通过模拟确定反馈系数后，采用红外测温仪测量激光光斑中心温度，通过控制监测点的温度来控制切削区激光加热温度，使切削过程温度稳定。该温度控制系统包含红外测温仪，用于测量监测点的温度，测量得到的温度通过 USB 接口传输给工控机，温度设定软件将测量的温度与设定的温度进行比较，工控机控制电压调节板将变化值传递给激光器，激光器改变的输出功率通过光纤传输至激光头，再加热至工件。

温度反馈的控制流程如图 7-11 所示。首先将切削区温度、激光移动速度和切削深度等参数输入软件，通过神经网络模型确定监测温度，调节激光器电压调整参数。在加工开始后，比较测量的监测点温度与设定的监测点温度，如果两者温度之差小于 5℃，则激光功率不改变；如果两者温度之差高于 5℃，则通过改变电压控制板的输出电压调整激光器的输出功率，进而改变监测点与切削区的温度。采用以上方法形成闭环控制，使切削温度稳定，激光加热辅助铣削温度控制系统界面如图 7-12 所示。

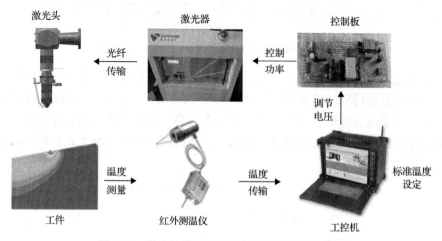

图 7-11　激光加热辅助铣削温度反馈控制示意图

图 7-12　激光加热辅助铣削温度控制系统界面

7.2 陶瓷材料的连续轨迹加工

激光系统和数控铣床的结合是解决连续轨迹加工的关键，也是激光加热辅助铣削技术应用的前提。本节根据激光加热辅助铣削系统的特点，提出改变工件相对位置的方法，建立激光加热辅助铣削连续轨迹加工系统，实现激光加热位置和加工轨迹的有效匹配，找到数控代码的转换和验证方法，通过对连续轨迹加工温度场的研究，得出合理的加工参数，最终实现连续轨迹的激光加热辅助铣削加工。

根据加热过程中的温度场分析及激光加热辅助铣削的加工特点，结合现有的测试设备推断，能够实现连续加工的试验系统应该具有如下特点：①加工过程中激光加热点必须处于刀具前端，即将去除材料的区域；②激光加热点的位置在不照射刀具的前提下尽可能地接近刀具，并且由于激光功率密度为高斯分布，刀具的直径应略小于激光光斑直径；③加工过程中激光扫描加热的区域在加工轨迹上，激光烧蚀的材料可以被刀具去除。对于直线加工轨迹，调整光纤聚焦头使激光光斑位于铣削区域之前，且定位后无须更改。然而，对于连续轨迹加工，激光束与铣刀的相对位置如图 7-13 所示，加工方向发生改变时激光光斑将不在切削区域的前方，无法在材料去除之前将局部切削区域提高至一定温度，达不到加热辅助铣削的目的，因此需要改变加热区域的位置。

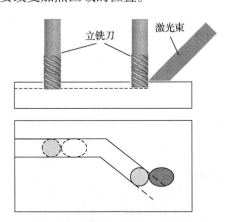

图 7-13 激光束与铣刀的相对位置

连续轨迹加工中激光束与铣刀的相对位置如图 7-14 所示。调整激光聚焦头，改变激光光斑的位置，如图 7-14(a)所示。该方法需要建立比较复杂的光路系统或者激光聚焦头移动系统，对现有的铣床改造容易造成设备干涉，发生事故。改变刀具轨迹相对于激光入射方向的位置，以便在切削位置之前局部加热，如图 7-14(b)所示。这种方式的目的是改变工件的加工方向，可以通过附加旋转轴改变运动轨迹相对激光光斑的方向，改善要被去除的局部材料的可加工性能。此方法的优点是激光光路不需要改变，系统建立简单方便，因此采用此方式建立激光加热辅助铣削连续轨迹加工系统。

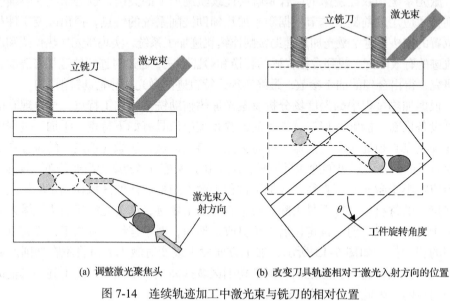

(a) 调整激光聚焦头　　　　　　　(b) 改变刀具轨迹相对于激光入射方向的位置

图 7-14　连续轨迹加工中激光束与铣刀的相对位置

7.2.1　激光加热辅助铣削加工系统建立方案

根据改变刀具轨迹相对于激光入射方向位置的方法，可在铣床工作台上直接安装旋转工作台，激光加热辅助铣削连续轨迹加工试验系统如图 7-15 所示。采用

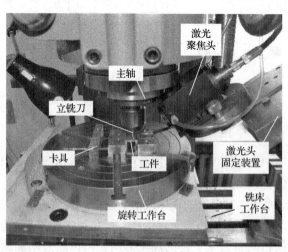

图 7-15　激光加热辅助铣削连续轨迹加工试验系统

300W 光纤输出激光器输出的光斑入射在立铣刀之前，入射角为 60°，需要保证激光入射位置相对于工作台的方向不变。先将加工位置调整到一个方向，当加工方向需要改变时，刀具提升，光闸关闭，旋转工作台旋转到下一个位置，以使加工方向与激光入射方向一致，同时工作台移动至旋转后的加工位置，刀具降下后进行下一个位置的加工。由于旋转轴的加入，刀具移动轨迹需要由原来的 G 代码进行转换。

在二维坐标的平移变换中，对于平面上 OXY 与 $O'X'Y'$ 两个直角坐标系，其中同名坐标轴具有相同的方向，O' 点在坐标系 OXY 的坐标为 (x_0, y_0)。平面上同一点在这两个坐标系中的坐标分别为 (x,y)、(x',y')，则坐标平移公式为

$$\begin{cases} x = x' + x_0 \\ y = y' + y_0 \end{cases} \tag{7-2}$$

对于直角坐标系中一点 (x,y)，旋转角度 θ 后的新坐标为 (x',y')，转换关系为

$$\begin{cases} x' = x\cos\theta + y\sin\theta \\ y' = -x\sin\theta + y\cos\theta \end{cases} \tag{7-3}$$

使用上述坐标位置平移与旋转原理计算转换后的代码。坐标变换示意图如图 7-16 所示，OXY 为机床工作台坐标系，$O_cX_cY_c$ 为旋转工作台坐标系，激光入射方向与机床的 X 轴平行。加工至 A 点后，由于其后的运动轨迹需要与机床坐标系的 X 轴平行，旋转工作台需要旋转一定的角度。将工作台坐标系内 A、B 点的坐标 (x_A, y_A)、(x_B, y_B)，按照式 (7-2) 平移变换至旋转工作台坐标系内 $(x_{A'}, y_{A'})$、$(x_{B'}, y_{B'})$。旋转工作台旋转一定角度后，A、B 点坐标通过式 (7-3) 得到旋转一定角度后的新坐标 $(x_{AC'}, y_{AC'})$、$(x_{BC'}, y_{BC'})$。转换后 AB 线与工作台坐标系 OX 平行，$y_{AC'} = y_{BC'}$，因此转角为

$$\theta = \arctan\left(\frac{y_{B'} - y_{A'}}{x_{B'} - x_{A'}}\right) \tag{7-4}$$

旋转之后刀具由 A 点移至 A' 点，A' 在工作台坐标系的坐标为 $(x_A\cos\theta + y_A\sin\theta + x_0, -x_A\sin\theta + y_A\cos\theta + y_0)$。刀具从 A' 点运动至 B' 点，B' 点由 B 点旋转变换，其在工作台坐标系的坐标为 $(x_{B'}\cos\theta + y_{B'}\sin\theta + x_0, -x_{B'}\sin\theta + y_{B'}\cos\theta + y_0)$。

由于每个运动轨迹的目标都是两点的 Y 坐标相同，在这里考虑采用绝对坐标系。通过初始工作台坐标计算加工时应该达到的绝对角度，再通过角度计算目标点旋转应达到的位置，以此方式进行代码转换。

采用此方案系统建立简单，在普通机床上增加旋转工作台即可。但是由于加工过程中 Z 轴需要频繁地起落，加工效率受到影响，如果机床精度不高，工作台移至下一个工位时发生偏差，刀具下落过程中可能破损，并且仅能加工直线轨迹。

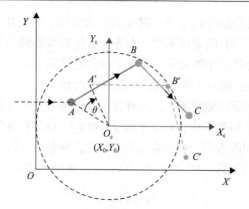

图 7-16　激光加热辅助铣削加工坐标变换示意图

如果要实现曲线轨迹的加工,要求激光入射相对位置能够在加工过程中随时调整,改进后的激光加热辅助铣削试验系统如图 7-17 所示。试验系统固定在传统三维数控铣床上,旋转工作台固定在铣床工作台上,并且旋转中心与铣床主轴旋转中心重合,移动工作台安装在旋转工作台之上。旋转工作台在旋转的过程中仅改变加工的方向,不改变铣刀相对移动工作台的位置,移动工作台与铣床的 Z 轴组成了铣削加工过程中的三个轴。采用 300W 光纤输出激光器输出的光斑入射在立铣刀之前,入射角为 60°。工件随着移动工作台移动,激光入射位置和工作部件相对角度随旋转工作台转动而变化,激光光斑位置不需要改变。铣削加工时,加工一段直线轨迹后首先需要关闭光闸,防止在工作台旋转的过程中激光照射在其他位

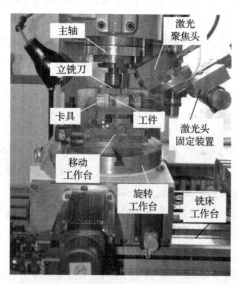

图 7-17　激光加热辅助铣削加工连续轨迹改进试验系统

置，工作台旋转之后光闸打开，开始加工下一段直线轨迹，光闸控制整合在数控系统中以保证系统的同步。

由于增加了特殊的旋转轴与移动工作台，NC 代码的编写会有所不同。刀具相对于 XOY 工作平面的位置不变，因此三维移动的 G 代码没有改变，唯一的不同是增加旋转轴的转动，将下一步要加工的直线变为与绝对坐标系的 X 轴平行。NC 代码变换示意图如图 7-18 所示，OXY 为铣床绝对坐标系，加工路径为 A→B→C，激光光斑中心与铣刀中心的连线与绝对坐标系的 X 轴平行。当加工至 A 点后，激光需要在 A→B 的路径上加热，因此旋转轴的目标位置是 θ_1，当加工至 B 点时，BC 的目标位置也是与 OX 轴平行的，如果旋转轴采用绝对坐标系编写 G 代码，相当于到达的绝对角度值为$-\theta_2$。因此，通过计算得到原始加工轨迹与机床坐标系 X 轴的夹角，此值作为第四轴的坐标值。对于加工曲线，可以将曲线采用小直线段逼近的插补算法进行离散，线段之间角度的旋转算法与以上相同。

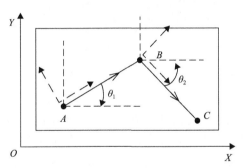

图 7-18　激光加热辅助铣削 NC 代码变换示意图

该方案可以实现直线轨迹与曲线轨迹的加工，NC 代码编写方便，但由于二维移动工作台放置于旋转工作台上，不便于对现有的机床进行改造。而且机床主轴与旋转工作台中心要求同轴，精度不容易控制。由于氮化硅陶瓷硬度高、脆性大，现有的机床性能较差，采用改进后的方案进行加工可以避免刀具损坏，并且可以加工曲线轨迹。

由于工作台旋转及加工过程中的数控插补与普通四轴机床有区别，为验证数控代码的正确性并避免试切过程中干涉，通过模拟可以有效地降低试验成本，防止因代码错误而发生碰撞。Vericut 软件是加工程序验证、机床模拟、工艺优化的软件，具有验证和检测 NC 程序可能存在的碰撞、干涉、过切、欠切、切削参数不合理等问题的功能。通过建立 Vericut 模型，可以验证 NC 程序的准确性，防止工作台旋转过程中与光纤头装夹装置的碰撞。在 Vericut 模型中可以将铣刀偏置，仿真得到激光入射光斑中心的轨迹，进而优化激光入射光斑位置与尺寸。以系统实际尺寸为参照，建立 Vericut 验证模型如图 7-19 所示。这里将激光入射光斑建模为带有小直径铣刀的铣削轴来模拟激光的扫描轨迹，材料去除按照实际铣刀直径建立模型，可以模拟材料实际去除的体积。采用此方法模拟激光加热辅助铣削过程。

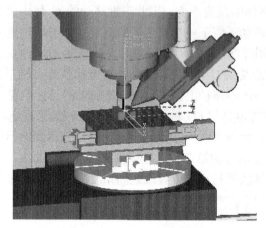

图 7-19　Vericut 验证模型

　　将代码转化模块集成在加热辅助铣削数控系统中以提高代码的生成效率，生成的代码通过建立的 Vericut 模型验证无误后，再输入数控系统中加工。激光加热辅助铣削连续直线与曲线轨迹得到的仿真结果与激光轨迹如图 7-20 所示。在加工至直线轨迹转折点时，激光入射点会入射在加工轨迹之外，可能造成工件表面的烧蚀。为避免工作台旋转过程中激光对更多区域的烧蚀，在旋转过程中关闭激光光闸，旋转到位后打开激光光闸。光闸关闭期间没有激光入射，热量传导速度很快，因此在旋转到位后，需要预热一小段时间，将切削区温度提高。当加工连

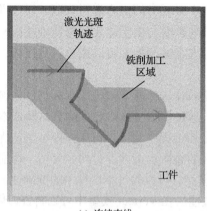

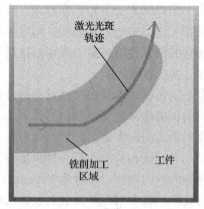

(a) 连续直线　　　　　　　　　　　　　　(b) 曲线

图 7-20　激光加热辅助铣削连续直线与曲线轨迹得到的仿真结果与激光轨迹

续曲线轨迹时，激光光闸无需关闭，激光光斑中心与刀具中心轨迹中心不重合，曲率越小激光光斑中心偏离加工轨迹越明显，此时可能会对工件表面造成损伤。在确定切削轨迹和激光光斑尺寸后，通过轨迹仿真获取激光光斑在加工轨迹之外的区域，激光经过此区域时优化参数，可以得到良好的加工表面质量。

7.2.2　激光加热辅助铣削连续轨迹加工温度场仿真

1. 激光加热辅助铣削连续轨迹工艺参数

工件为热压烧结氮化硅陶瓷，长、宽均为 17mm、高为 4mm，立铣刀直径为 5mm，旋转工作台的旋转速度为 π/4(rad/s)。激光预热位置在工件边缘，加工开始后向工件内部移动，由于激光光斑周围区域温度较低，热量传导的范围增加，导致温度下降很快，在预热后应提高激光功率使切削区温度升高。受到小型试验二维工作台性能的限制，切削力过大容易引起工作台振动，导致刀具磨损加剧、边缘碎裂现象明显。为验证系统可行性，避免其他因素对试验结果的影响，采用较小的进给量与切削深度。加工试验与仿真工艺参数如表 7-2 所示，其中 P_{lp} 为预热时的激光功率，P_{lw} 为切削时的激光功率。在旋转工作台旋转的过程中，激光需要关闭一段时间，并且在旋转的位置，激光无法扫描完整的加工轨迹，切削区温度在这一加工过程中不稳定，且在旋转过程中会下降，因此在旋转后需要预热一段时间。

表 7-2　激光加热试验与仿真工艺参数

P_{lp}/W	P_{lw}/W	n/(r/min)	f_z/mm	a_p/mm	D_l/mm	t_p/s
110	140	590	0.01	0.1/0.2	3	60

2. 激光加热辅助铣削连续轨迹温度场模型建立

连续轨迹温度场模型的边界条件包括：工件表面的激光热流密度载荷、向周围边界的对流与热辐射，与夹具接触区域简化为绝热边界，忽略切削过程中产生的切削热。由于连续轨迹加工过程中激光相对工件的入射方向需要改变，并且激光光斑中心及切削区域最小温度点的轨迹是曲线，为了建立准确的模型，降低有限元离散带来的误差，建立模型过程中的处理方法如下。

(1)激光倾斜入射在工件上，激光光斑呈椭圆形。因此，在工作台旋转后，激光入射方向发生变化，对应于温度场模型的功率能量密度分布也随之改变，温度场建模坐标变换如图 7-21 所示。激光光斑由点 A 运动至点 B 后工作台旋转 θ 角度，温度场模型的工作坐标系旋转角度也为 θ，旋转后 B' 点在新坐标系下坐标值变换公式为

$$\begin{cases} x_0' = x_0 \cos\theta - y_0 \sin\theta \\ y_0' = x_0 \sin\theta + y_0 \cos\theta \end{cases} \tag{7-5}$$

　　点 C 同样由式(7-5)转换坐标后，激光光斑继续由点 B' 移动至点 C。在新的工作坐标系下，激光光斑的功率密度分布函数与之前相同，从而减小由入射方向改变引起的激光功率密度误差。

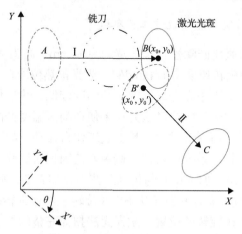

图 7-21　温度场建模坐标变换

　　(2)在离散的有限元模型中，激光加热过程中激光光斑中心温度与最小温度点的温度值对应的是其所在位置的节点温度值。对于直线轨迹加热，可以在建立模型时考虑激光光斑位置与尺寸，将加热过程中的温度点与节点一一对应，从而最终得到准确的温度值。但是对于具有一定轨迹的曲线加热，温度点无法落在节点之上，因此为了降低划分的网格对温度值的影响，采用节点插值的方法得到需要位置的温度值，插值过程原理如图 7-22 所示。通过控制高度方向的网格分布，对应切削深度位置铣刀边界轨迹 1 上点 E 的温度值可通过式(7-6)，由节点 A、B、C、D 的温度值计算得到。在求解后处理的过程中，找到包围所求温度点的单元，

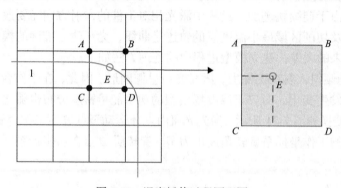

图 7-22　温度插值过程原理图

读出单元的节点温度值，得到所需要点的温度值。

令 $s = 2\left(x_E - \dfrac{x_C + x_D}{2}\right) / (x_D - x_C)$，$t = 2\left(y_E - \dfrac{y_C + y_A}{2}\right) / (y_A - y_C)$，则

$$T_E = \frac{1}{4}\left[T_A(1-s)(1+t) + T_B(1+s)(1+t) + T_C(1-s)(1-t) + T_D(1+s)(1-t)\right] \quad (7\text{-}6)$$

按照工件的尺寸与边界条件，结合以上处理方式最终建立的激光加热辅助铣削连续轨迹加工有限元网格如图 7-23 所示。

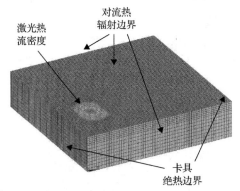

图 7-23　激光加热辅助铣削连续轨迹加工有限元网格

7.2.3　温度场仿真结果

1. 连续直线轨迹温度场仿真结果

连续直线加工及激光光斑轨迹如图 7-24 所示，激光加热过程中不同时刻的温度场分布如图 7-25 所示。激光光斑中心处的温度很高，由于工件尺寸较小，工件

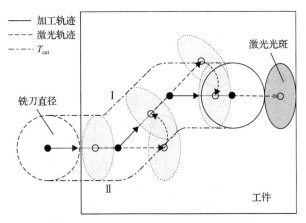

图 7-24　连续直线加工与激光光斑轨迹

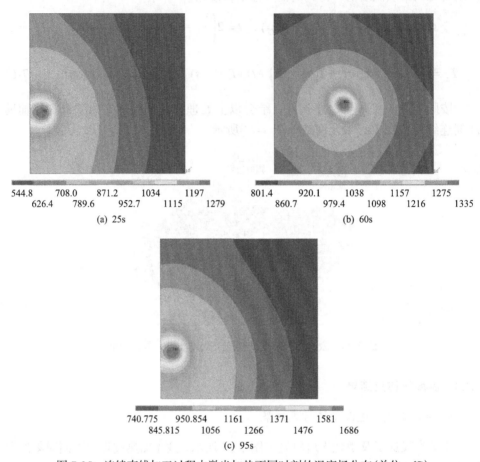

544.8　　708.0　　871.2　　1034　　1197
　　626.4　　789.6　　952.7　　1115　　1279

(a) 25s

801.4　　920.1　　1038　　1157　　1275
　　860.7　　979.4　　1098　　1216　　1335

(b) 60s

740.775　　950.854　　1161　　1371　　1581
　　845.815　　1056　　1266　　1476　　1686

(c) 95s

图 7-25　连续直线加工过程中激光加热不同时刻的温度场分布(单位：℃)

整体可达到很高的温度。氮化硅陶瓷在高温下有良好的性能，其工作温度可达1200℃。只有在激光光斑直径范围内才能达到此温度，在激光光斑周围区域的工件材料性能不会降低。

激光光斑中心温度与加工轨迹边界温度随时间的变化曲线如图 7-26 所示，加工轨迹的边界温度分别为 $T_{cut\,I}$ 和 $T_{cut\,II}$。由于其距离工件边界长度不同，$T_{cut\,I}$ 与 $T_{cut\,II}$ 的值有所不同。预热时间达到 25s 后，激光入射区域的热传导达到平衡，加工开始进行。

随着激光向工件内部移动，热量向更广的范围传导，T_{cut} 略有降低。旋转后加工继续进行，激光达到另一个旋转位置并逐渐接近工件边缘，T_{max} 与 T_{cut} 逐渐升高。最低温度在 950℃以上，满足玻璃相软化的条件。

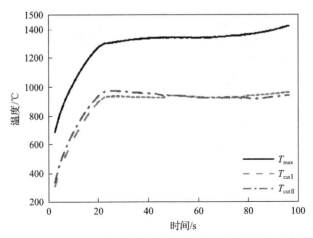

图 7-26　激光光斑中心温度与连续直线加工轨迹边界温度随时间的变化规律

2. 连续曲线轨迹温度场仿真结果

连续曲线加工过程中激光光斑轨迹和激光加热的温度场分布分别如图 7-27、图 7-28 所示。激光光斑入射区域温度非常高，由于热传导作用，工件整体达到很高的温度。激光光斑相对工件的方向随加工轨迹而改变，但光斑中心的温度变化不大。激光光斑中心温度与加工轨迹边界温度随时间的变化曲线如图 7-29 所示，预热后激光功率的提高使 T_{max} 瞬间升高，随着激光向工件内部移动，T_{max} 与 T_{cut} 逐渐趋于稳定状态，材料去除区域最低温度约为 900℃，可以满足加热辅助切削的条件。随着激光光斑接近工件边界，T_{max} 与 T_{cut} 逐渐升高。

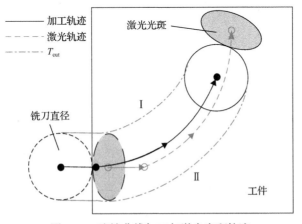

图 7-27　连续曲线加工与激光光斑轨迹

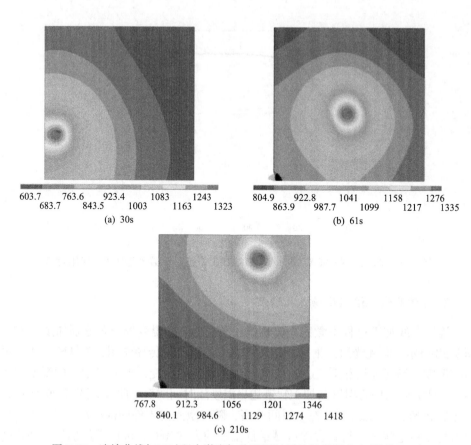

(a) 30s　　　　(b) 61s

(c) 210s

图 7-28　连续曲线加工过程中激光加热不同时刻的温度场分布(单位：℃)

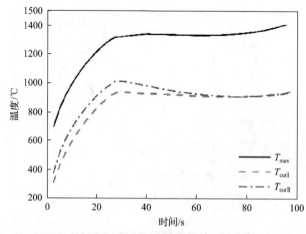

图 7-29　激光光斑中心温度与连续曲线加工轨迹边界温度随时间的变化规律

7.2.4　激光加热辅助铣削连续轨迹加工结果

连续轨迹加工得到的工件如图 7-30 所示。结果表明，采用激光加热辅助铣削

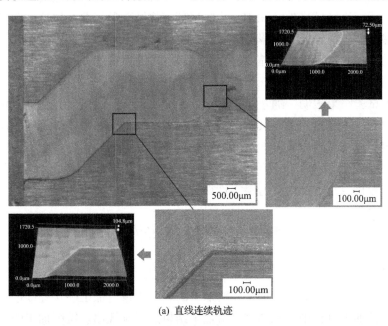

(a) 直线连续轨迹

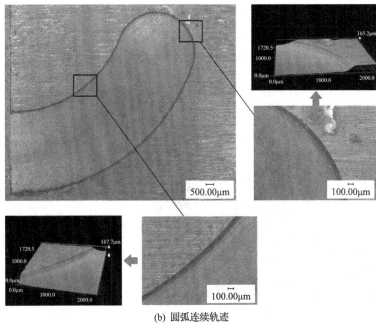

(b) 圆弧连续轨迹

图 7-30　连续轨迹加工得到的工件

的方法可以实现对氮化硅陶瓷的连续轨迹加工。表面质量加工较好，加工边界没有明显的破损现象。在轨迹加工结束位置，激光照射的材料没有被刀具去除，在表面有明显的烧蚀现象产生。由以上加工轨迹可知，在直线轨迹转折的位置由于激光点处于加工区域之外，在加工边缘局部有烧蚀现象；曲线轨迹的激光光斑中心在去除材料内部，激光边缘的激光功率密度较低，不会造成表面烧伤现象。采用表面轮廓仪测量工件的粗糙度，直线轨迹工件的粗糙度 $R_a = 0.13\mu m$，曲线轨迹工件的粗糙度 $R_a = 0.12\mu m$。

以上试验结果表明，通过轨迹转换、NC 代码验证、温度分布预测相结合的方法可以合理地选择加工连续轨迹的工艺参数，提出的基于工件旋转的连续轨迹加工系统可以实现连续轨迹的激光加热辅助铣削，并可获得良好的加工质量。将激光加热辅助切削技术应用在复杂陶瓷材料零件的加工方面，可以提高加工效率，降低零件成本，使陶瓷材料零件得到更广泛的应用。

7.3　高温合金材料平面铣削加工

针对高温合金材料，采用激光加热辅助铣削技术进行面铣加工，同时采用干铣削、切削液铣削方式进行加工，对加工的表面质量与加工硬化程度进行分析，研究在工件加工过程中激光的引入对加工结果的影响规律。铣削加工的工件材料为镍基高温合金 Inconel 718，加工试件为长为 200mm、宽为 70mm、厚为 40mm的块料。激光器固定在机械手臂上，激光由激光器进行发射，调节机械手臂来调整激光器距离工件的位置来改变激光光斑大小、激光光斑照射在试件上的位置，刀具与系统如图 7-31 所示。

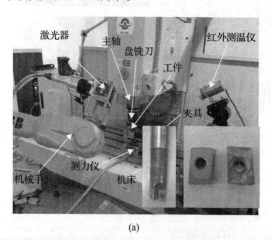
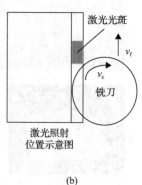

(a)　　　　　　　　　　　　　　　　　(b)

图 7-31　激光加热辅助铣削加工系统与刀具

采用单因素试验法，试验主要研究切削速度和进给量对表面质量的影响规律。铣削试验工艺参数轴向切削深度选取为 0.15mm、径向切削宽度选取为 2.0mm，每组试验完成新的刀片更换。铣削加工参数如表 7-3 所示。

表 7-3　立铣刀铣削加工工艺参数

试验组	1	2	3	4	5	6	7
切削速度/(m/min)	30	30	30	30	60	90	120
进给速度/(mm/min)	30	60	90	120	60	90	120
轴向切削深度/mm				0.15			
径向切削宽度/mm				2.0			

立铣刀铣削加工过程中，不同铣削方式与不同工艺参数值产生的表面粗糙度 R_a 情况如图 7-32 所示。从图中可以看出，不同的铣削加工方式在一定的切削速度范围内都随着切削速度的增加铣削得到的表面粗糙度减小；随着进给速度的增加铣削得到的表面粗糙度增大；激光加热辅助铣削得到的表面粗糙度要远小于常规加工的表面粗糙度，其中激光加热辅助铣削得到的粗糙度最低，表面质量最好；干铣削的表面粗糙度最高，表面质量最差。

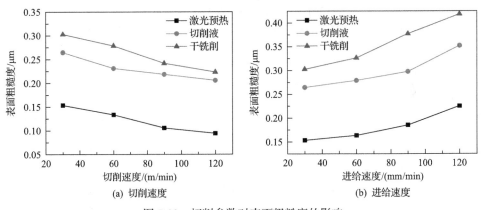

图 7-32　切削参数对表面粗糙度的影响

参 考 文 献

曹成铭, 刘战强, 林琪. 2011. 高速铣削 Inconel 718 已加工表面残余应力的有限元分析[J]. 工具技术, (5): 13-17.

陈雪辉, 李翔, 吴超, 等. 2019. 水射流辅助激光加工碳化硅的影响研究[J]. 激光与光电子学进展, 56(1): 225-231.

丁阳喜, 周立志. 2007. 激光表面处理技术的现状及发展[J]. 热加工工艺, (6): 69-72.

董玉文, 任青文. 2009. 基于 XFEM 的混凝土开裂数值模拟研究[J]. 重庆交通大学学报(自然科学版), (1): 36-55.

杜随更, 汪志斌, 吕超, 等. 2011. 高温合金高速铣削表面形貌及组织研究[J]. 航空学报, (6): 1156-1162.

付守冲, 杨立军, 王扬, 等. 2016. 铝合金板材涂覆石墨前后的激光吸收率确定方法[J]. 科学技术与工程, (35): 171-175.

高明旭, 李靖, 朱绪平, 等. 2019. 深度学习方法研究综述[J]. 中国科技信息, (10): 56-57.

高永明, 陈嘉庆. 2002. 高温合金 GH163 的高速高效铣削加工[J]. 航空制造技术, 6: 40-43.

葛荣祥, 胡建中. 2019. 基于深度学习框架的多类运动想象脑电分类研究[J]. 江苏科技大学学报(自然科学版), 33(4): 61-66.

郭春丽. 2005. 陶瓷材料在机械工程中的应用[J]. 陶瓷, (12): 45-47.

侯红玲, 解玉坤, 赵晋平. 2016. 激光切割铝合金吸收率试验研究[J]. 表面技术, (10): 193-198.

胡越, 罗东阳, 花奎, 等. 2019. 关于深度学习的综述与讨论[J]. 智能系统学报, 14(1): 1-19.

金狂浩, 陈康华, 祝昌军, 等. 2012. 硬质合金基体对涂层刀具高速切削镍基高温合金切削性能的影响[J]. 粉末冶金材料科学与工程, 17(4): 437-443.

孔凡茂, 杨秋菊. 2007. 透明 AlON 陶瓷材料的研究现状及进展[J]. 硅酸盐通报, (4): 784-788.

蔺秀川, 邵天敏. 2001. 利用集总参数法测量材料对激光的吸收率[J]. 物理学报, (5): 856-859.

凌杰, 辛志杰. 2015. SiCp/Al 复合材料的高速铣削试验与表面缺陷研究[J]. 科学技术与工程, (2): 217-221.

刘娟秀, 羊恺, 补世荣, 等. 2007. 高温超导薄膜在激光辅助化学刻蚀中的表面特性[J]. 光电子·激光, (3): 296-298.

卢芳, 田欣利, 吴志远, 等. 2007. 离子弧加热切削工程陶瓷试验[J]. 装甲兵工程学院学报, (1): 81-83.

陆耀东, 史红民, 齐学, 等. 2000. 积分球技术在高能激光能量测量中的应用[J]. 强激光与粒子束, (S1): 106-108.

马丽心, 王扬, 谢大纲, 等. 2002. 冷硬铸铁激光加热辅助切削实验研究[J]. 哈尔滨工业大学学报, (2): 228-231.

乔华, 陈伟球. 2010. 基于 ARLEQUIN 方法和 XFEM 的结构多尺度模拟[J]. 工程力学, (S1): 29-33.

王扬, 袁哲俊, 郭立新, 等. 2000. ZrO$_2$ 陶瓷激光加热辅助切削工件表面性能的研究[J]. 应用激光, (1): 9-12.

王扬, 杨立军, 齐立涛. 2003. Al$_2$O$_3$ 颗粒增强铝基复合材料激光加热辅助切削的切削特性[J]. 中国机械工程, (4): 344-346.

王扬, 吴雪峰, 张宏志. 2011. 激光加热辅助切削技术[J]. 航空制造技术, (8): 42-45.

吴雪峰, 王扬. 2012. 激光加热辅助切削技术及研究进展[J]. 哈尔滨理工大学学报, 4: 34-45.

吴雪峰, 王扬. 2012. 激光加热辅助铣削氮化硅陶瓷试验研究[J]. 工具技术, 5: 20-24.

吴雪峰, 苑忠亮. 2017. 氮化硅陶瓷加热辅助铣削过程中边缘碎裂实验与仿真[J]. 哈尔滨理工大学学报, 22(5): 1-6, 12.

吴雪峰, 王扬, 张宏志. 2010. 激光加热辅助切削氮化硅陶瓷实验研究, 宇航学报, 31(5): 1457-1462.

吴雪峰, 赵博文, 冯高诚. 2016. 激光加热辅助铣削高温合金 GH4698 试验研究[J]. 工具技术, 4: 12-16.

吴雪峰, 陈建锋, 尹雪峰, 等. 2018. 基于激光加热辅助铣削的 GA-BP 神经网络刀具寿命预测[J]. 工具技术, 52(7): 57-61.

吴雪峰, 刘亚辉, 毕淞泽. 2019. 基于卷积神经网络刀具磨损类型的智能识别[J]. 计算机集成制造系统, 2020, 26(10): 2762-2771.

熊建平, 赵国庆, 戴斌煜, 等. 2007. 陶瓷型芯在航空发动机叶片生产中的应用与发展[J]. 江西科学, (6): 801-806.

杨立军. 2002. 四种难加工材料激光加热辅助切削技术研究[D]. 哈尔滨: 哈尔滨工业大学, 22-35.

杨立军, 张宏志, 吴雪峰, 等. 2011. 应用加热软化和应力效应的激光加工技术[J]. 红外与激光工程, (6): 1038-1043.

袁根福, 吉红, 梁华琪. 2006. 脉冲激光铣削的研究与应用[J]. 电加工与模具, (2): 60-62.

袁根福, 姚燕生, 陈雪辉, 等. 2010. 激光和化学复合刻蚀加工表面质量的实验研究[J]. 中国激光, (1): 281-283.

张昌娟, 焦锋, 赵波, 等. 2016. 激光超声复合切削硬质合金的刀具磨损及其对工件表面质量的影响[J]. 光学精密工程, (6): 1413-1423.

张华, 徐家文, 王吉明, 等. 2009. 喷射液束电解-激光复合加工工艺试验研究[J]. 航空学报, (6): 1138-1143.

赵玉涛, 戴起勋, 陈刚. 2007. 金属基复合材料[M]. 北京: 机械工业出版社.

郑建新, 徐家文. 2009. 陶瓷材料超声波辅助蠕动磨削工艺参数优选试验研究[J]. 现代制造工程, (9): 90-92.

Abena A, Soo S L, Essa K. 2017. Modelling the orthogonal cutting of UD-CFRP composites: Development of a novel cohesive zone model[J]. Composite Structures, 168: 65-83.

Adalarasan R, Santhanakumar M, Rajmohan M. 2015. Optimization of laser cutting parameters for Al6061/SiC$_p$/Al$_2$O$_3$, composite using grey based response surface methodology(GRSM)[J]. Measurement, 73: 596-606.

An Q Z, Pan Z X, You H J. 2018. Ship detection in Gaofen-3 SAR images based on sea clutter distribution analysis and deep convolutional neural network[J]. Sensors, (2): 334.

Anderson M C, Shin Y C. 2006. Laser-assisted machining of an austenitic stainless steel: P550[J]. Proceedings of the Institution of Mechanical Engineers, Part B: Journal of Engineering Manufacture, 220(12): 2055-2067.

Anderson M C, Patwa R, Shin Y C. 2006. Laser-assisted machining of Inconel 718 with an economic analysis[J]. International Journal of Machine Tools and Manufacture, 46(14): 1879-1891.

Avierarockiaraj S, Kuppan P. 2014. Investigation of cutting forces, surface roughness and tool wear during laser assisted machining of SKD11 tool steel[J]. Procedia Engineering, 97: 1657-1666.

Ayed Y, Germain G, Ben Salem W, et al. 2014. Experimental and numerical study of laser-assisted machining of Ti6Al4V titanium alloy[J]. Finite Elements in Analysis and Design, 92(72-79).

Bejjani R, Shi B, Attia H, et al. 2011. Laser assisted turning of titanium metal matrix composite[J]. CIRP Annals—Manufacturing Technology, 60(1): 61-64.

Belytschko T, Gracie R, Ventura G. 2009. A review of extended/generalized finite element methods for material modeling[J]. Modelling and Simulation in Materials Science and Engineering, 17(4): 043001-043031.

Bermingham M J, Kent D, Dargusch M S. 2015. A new understanding of the wear processes during laser assisted milling 17-4 precipitation hardened stainless steel[J]. Wear, 328-329: 518-530.

Brecher C, Rosen C J, Emonts M. 2011. Laser-assisted milling of advanced materials[J]. Physics Procedia, 12: 599-606.

Cao Y. 2001. Failure analysis of exit edges in ceramic machining using finite element analysis[J]. Engineering Failure Analysis, 8(4): 325-338.

Carroll J W, Todd J A, Ellingson W A, et al. 2000. Laser machining of ceramic matrix composites[J]. Ceramic Engineering and Science Proceedings, 3(21): 323-330.

Chiu W C, Thouless M D, Endres W J. 1998. An analysis of chipping in brittle materials[J]. International Journal of Fracture, 90(4): 287-298.

Ciftci I, Turker M, Seker U. 2004. Evaluation of tool wear when machining SiC$_p$-reinforced Al-2014 alloy matrix composites[J]. Materials & Design, 25(3): 251-255.

Costes J P, Guillet Y, Poulachon G. 2007. Tool-life and wear mechanisms of CBN tools in machining of Inconel 718[J]. International Journal of Machine Tools & Manufacture, (47): 1081-1087.

Dandekar C R, Shin Y C. 2010. Laser-assisted machining of a fiber reinforced metal matrix composite[J]. Journal of Manufacturing Science and Engineering, 132(6): 61004.

Dandekar C R, Shin Y C, Barnes J. 2010. Machinability improvement of titanium alloy (Ti-6Al-4V) via LAM and hybrid machining[J]. International Journal of Machine Tools and Manufacture, 50(2): 174-182.

De Lopez L, Sanchez J A, Lamikiz A, et al. 2004. Plasma assisted milling of heat-resistant superalloys[J]. Journal of Manufacturing Science and Engineering, 126(2): 274-285.

Deb K, Pratap A, Agarwal S, et al. 2002. A fast and elitist multi objective genetic algorithm: NSGA-II[J]. IEEE Transactions on Evolutionary Computation, 6(2): 182-197.

Dumitrescu P, Koshy P, Stenekes J, et al. 2006. High-power diode laser assisted hard turning of AISI D2 tool steel[J]. International Journal of Machine Tools and Manufacture, 46(15): 2009-2016.

Duong X T, Mayer J R R, Balazinski M. 2016. Initial tool wear behavior during machining of titanium metal matrix composite (TiMMCs)[J]. International Journal of Refractory Metals & Hard Materials, 60: 169-176.

El-Gallab M, Sklad M. 1998. Machining of Al/SiC particulate metal matrix composites: Part II: Workpiece surface integrity[J]. Journal of Materials Processing Technology, 83(1-3): 277-285.

Erdenechimeg K, Jeong H I, Lee C M. 2019. A study on the laser-assisted machining of carbon fiber reinforced silicon carbide[J]. Materials, 12(13): 2061.

Ghandehariun A, Kishawy H A, Umer U, et al. 2016. Analysis of tool-particle interactions during cutting process of metal matrix composites[J]. The International Journal of Advanced Manufacturing Technology, 82(1): 143-152.

Ghavidel A K, Azdast T, Shabgard M R, et al. 2015. Effect of carbon nanotubes on laser cutting of multi-walled carbon nanotubes/poly methyl methacrylate nanocomposites[J]. Optics & Laser Technology, 67(67): 119-124.

Ha J H, Lee C M. 2019. A study on the thermal effect by multi heat sources and machining characteristics of laser and induction assisted milling[J]. Materials, 12(7): 1032.

Huang H, Liu Y C. 2003. Experimental investigations of machining characteristics and removal mechanisms of advanced ceramics in high speed deep grinding[J]. International Journal of Machine Tools and Manufacture, 43(8): 811-823.

Inoue T, Tsuchida Y, Suzuki T, et al. 2003. Alumina ceramics cutting by self-sharpening edge technique of diamond[J]. Journal of Materials Processing Technology, 143-144(1): 662-666.

Jeon Y, Pfefferkorn F. 2008. Effect of laser preheating the workpiece on micro-end milling of metals[J]. Journal of Manufacturing Science and Engineering, 130(1): 0110041-0110049.

Jerby E, Dikhtyar V, Aktushev O, et al. 2002. The microwave drill[J]. Science, 298(5593): 587-589.

Jerby E, Aktushev O, Dikhtyar V. 2005. Theoretical analysis of the microwave-drill near-field localized heating effect[J]. Journal of Applied Physics, 97(3): 034909-1-034909-7.

Joshi A, Kansara N, Das S, et al. 2014. A study of temperature distribution for laser assisted machining of Ti-6Al-4V alloy[J]. Procedia Engineering, 97: 1466-1473.

Khandelwal P, Majumdar B S, Rosenfield A R. 1995. Mixed-mode high temperature toughness of silicon nitride[J]. Journal of Materials Science, 30(2): 395-398.

König W, Zaboklicki A K. 1993. Laser-assisted hot machining of ceramics and composite materials[J]. NIST Special Publication, (847): 455-463.

Langan S M, Ravindra D, Mann A B. 2019. Mitigation of damage during surface finishing of sapphire using laser-assisted machining[J]. Precision Engineering, 56: 1-7.

Lei S, Shin Y C, Incropera F P. 2001. Experimental investigation of thermo-mechanical characteristics in laser-assisted machining of silicon nitride ceramics[J]. Journal of Manufacturing Science and Engineering, 123 (4): 639-646.

Leunda J, Navas V G, Soriano C, et al. 2014. Effect of laser tempering of high alloy powder metallurgical tool steels after laser cladding[J]. Surface & Coatings Technology, 259: 570-576.

Liao S Y, Lin M H, Wang H J. 2008. Behaviors of end milling Inconel 718 superalloy by cemented carbide tools[J]. Journal of Materials Processing Technology, 201 (1-3): 460-465.

Liao Y S, Shiue R H. 1996. Carbide tool wear mechanism in turning of Inconel 718 superalloy[J]. Wear, 193 (1): 16-24.

Marinescu I D. 1996. Laser-assisted grinding of ceramics[J]. Interceram: International Ceramic Review, 47 (5): 314-316.

Mayer J J, Fang G P, Purushothaman G K, et al. 1999. Depth of damage induced in ceramics by the grinding process[J]. Society of Manufacturing Engineers, (MR99-136): 1-6.

McCormick N J, Almond E A. 1990. Edge flaking of brittle materials[J]. Journal of Hard Materials, 1 (1): 25-51.

Melenk J M, Babuska I. 1996. Partition of unity finite element method: Basic theory and applications[J]. Computer Methods in Applied Mechanics and Engineering, 139 (1-4): 289-314.

Melkote S, Kumar M, Hashimoto F, et al. 2009. Laser assisted micro-milling of hard-to-machine materials[J]. CIRP Annals—Manufacturing Technology, 58 (1): 45-48.

Moës N, Dolbow, Belytschko T. 1999. A finite element method for crack growth without remeshing[J]. International Journal for Numerical Methods in Engineering, 46 (1): 131-150.

Mohri N, Fukuzawa Y, Tani T, et al. 2002. Some considerations to machining characteristics of insulating ceramics-Towards practical use in industry[J]. CIRP Annals—Manufacturing Technology, 51 (1): 161-164.

Mülle F, Monaghan J. 2000. Non-conventional machining of particle reinforced metal matrix composite[J]. International Journal of Machine Tools and Manufacture, 40 (9): 1351-1366.

Nalbant M, Altin A, Gokkaya H. 2007. The effect of cutting speed and cutting tool geometry on machinability properties of nickel base Inconel 718 superalloys[J]. Materials & Design, 4 (28): 1-334.

Ohji T, Sakai S, Ito M, et al. 1990. Fracture energy and tensile strength of silicon nitride at high temperatures[J]. Journal of the Ceramic Society of Japan, 98 (3): 235-242.

Pantsar H, Kujanp V. 2004. Diode laser beam absorption in laser transformation hardening of low alloy steel[J]. Journal of Laser Applications, 16: 147-153.

Parker K. 2006. Advanced ceramics soar to new heights. Advantageous physical properties help these inorganic, nonmetallic materials expand their usage into the manufacture of critical aerospace components[J]. Metal Finishing, 104 (3): 16-18.

Patten J A, Ghantasala M K, Ravindra D, et al. 2011. The effects of laser heating on the material removal process in Si and SiC[C]//Proceedings of NSF Engineering Research and Innovation Conference, Atlanta.

Pawade R S, Joshi S S, Brahmanker P K. 2008. Effect of machining parameters and cutting edge geometry on surface integrity of high-speed turned Inconel 718[J]. International Journal of Machine Tools & Manufacture, 1 (48): 15-28.

Pfefferkorn F E, Shin Y C, Tian Y, et al. 2004. Laser-assisted machining of magnesia-partially-stabilized zirconia[J]. Journal of Manufacturing Science and Engineering, 126 (1): 42-51.

Pfefferkorn F E, Incropera F P, Shin Y C. 2005. Heat transfer model of semi-transparent ceramics undergoing laser-assisted machining[J]. International Journal of Heat and Mass Transfer, 48 (10): 1999-2012.

Pfefferkorn F E, Lei S, Jeon Y, et al. 2009. A metric for defining the energy efficiency of thermally assisted machining[J]. International Journal of Machine Tools and Manufacture, 49(5): 357-365.

Pramanik A, Basak A K. 2016. Degradation of wire electrode during electrical discharge machining of metal matrix composites[J]. Wear, (s346-s347): 124-131.

Rahman M, Kumar A S, Biswas I. 2009. A review of electrolytic in-process dressing (ELID) grinding[J]. Key Engineering Materials, 404: 45-59.

Rebro P A, Shin Y C, Incropera F P. 2002. Laser-assisted machining of reaction sintered mullite ceramics[J]. Journal of Manufacturing Science and Engineering, 124(4): 875-885.

Rebro P A, Shin Y C, Incropera F P. 2004. Design of operating conditions for crackfree laser-assisted machining of mullite[J]. International Journal of Machine Tools and Manufacture, 44(7-8): 677-694.

Rozzi J C, Incropera F P, Shin Y C. 2000. Transient, three-dimensional heat transfer model for the laser assisted machining of silicon nitride: Ⅱ. Assessment of parametric effects[J]. International Journal of Heat and Mass Transfer, 43(8): 1425-1437.

Rozzi J C, Pfefferkorn F E, Incropera F P, et al. 2000. Transient, three-dimensional heat transfer model for the laser assisted machining of silicon nitride: I. Comparison of predictions with measured surface temperature histories[J]. International Journal of Heat and Mass Transfer, 43(8): 1409-1424.

Rozzi J C, Pfefferkorn F E, Shin Y C, et al. 2000. Experimental evaluation of the laser assisted machining of silicon nitride ceramics[J]. Journal of Manufacturing Science and Engineering, 122(4): 666-670.

Shang Z D, Liao Z R, Sarasua J A, et al. 2019. On modelling of laser assisted machining: Forward and inverse problems for heat placement control[J]. International Journal of Machine Tools and Manufacture, 138: 36-50.

Sharman C, Hughes J, Ridgway K. 2004. Workpiece surface integrity and tool life issues when turning Inconel 718 nickel based superalloy[J]. Machining Science and Technology, 3(8): 399-414.

Sim M S, Hwang S J, Kim D H, et al. 2014. A study on the development of the rotary and linear laser modules[J]. Korean Society for Precision Engineering Index, 31(2): 1081-1088.

Singh R, Melkote S N. 2007. Characterization of a hybrid laser-assisted mechanical micromachining (LAMM) process for a difficult-to-machine material[J]. International Journal of Machine Tools and Manufacture, 47(7-8): 1139-1150.

Skvarenina S, Shin Y C. 2006. Laser-assisted machining of compacted graphite iron[J]. International Journal of Machine Tools and Manufacture, 46(1): 7-17.

Srinivas N, Deb K. 1995. Multi objective function optimization using non-dominated sorting genetic algorithms[J]. Evolutionary Computation, 2(3): 221-248.

Su H, Liu J, Gai Q. 2009. Study on ultrasonic grinding method and mechanism of the engineering ceramic material[J]. Key Engineering Materials, 416: 492-496.

Sun S, Harris J, Brandt M. 2018. Parametric investigation of laser-assisted machining of commercially pure titanium[J]. Advanced Engineering Materials, 10(6): 565-572.

Tani T, Fukuzawa Y, Mohri N, et al. 2004. Machining phenomena in WEDM of insulating ceramics[J]. Journal of Materials Processing Technology, 149(1-3): 124-128.

Tavakoli S, Attia H, Vargas R. 2009. Laser assisted finish turning of Inconel 718: Process optimization[J]. ASME Conference Proceedings, (11): 833-840.

Tian Y, Shin Y C. 2006. Thermal modeling for laser-assisted machining of silicon nitride ceramics with complex features[J]. Journal of Manufacturing Science and Engineering, 128(2): 425-434.

Tian Y, Shin Y C. 2007. Multiscale finite element modeling of silicon nitride ceramics undergoing laser-assisted machining[J]. Journal of Manufacturing Science and Engineering, 129(2): 287-295.

Tomac N, Tannessen K, Rasch F O. 1992. Machinability of particulate aluminium matrix composites[J]. CIRP Annals Manufacturing Technology, 41(1): 55-58.

Wang C, Zeng X. 2007. Study of laser carving three-dimensional structures on ceramics: Quality controlling and mechanisms[J]. Optics and Laser Technology, 39(7): 1400-1405.

Wang Y, Yang L J, Wang N J. 2002. An investigation of laser-assisted machining of Al_2O_3 particle reinforced aluminum matrix composite[J]. Journal of Materials Processing Technology, 129(1-3): 268-272.

Wu X F, Chen J F. 2018. The temperature process analysis and control on laser-assisted milling of nickel-based superalloy[J]. International Journal of Advanced Manufacturing Technology, 98(1-4): 223-235.

Wu X F, Zhang H Z, Wang Y. 2009. Three-dimensional thermal analysis for laser assisted machining of ceramics using FEA[C]//The 4th International Symposium on Advanced Optical Manufacturing and Testing Technologies: Advanced Optical Manufacturing Technologies, Chengdu.

Wu X F, Zhang H Z, Wang Y. 2010. Simulation and experimental study on temperature fields for laser assisted machining of silicon nitride[J]. Key Engineering Materials, 419-420: 521-524.

Wu X F, Zhang H Z, Wang Y. 2011. Laser assisted turning of sintered silicon nitride[J]. Key Engineering Materials, 458: 113-118.

Wu X F, Gao T F, Wang Y. 2014. Simulation of edge chipping in laser-assisted milling of silicon nitride ceramics using the XEFM[J]. Key Engineering Materials, 589-590: 511-516.

Wu X F, Gao T F, Zhao B W, et al. 2014. Applying genetic algorithm and BP neural network model to predict cutting area temperature distribution in the laser-assisted milling[J]. Materials Science Forum, 800-801: 275-279.

Wu X F, Gao C F, Liu X L. 2016. Design and implementation of a system for laser assisted milling of advanced materials. Chinese Journal of Mechanical Engineering (English Edition), 29(5): 921-929.

Wu X F, Zhao B W, Gao C F. 2016. Thermal and cutting process simulation analysis of laser assisted milling of Inconel 718[J]. Advances in Computer Science Research, 10: 1178-1181.

Wu X F, Liu Y H, Zhou X L, et al. 2019. Automatic identification of tool wear based on convolutional neural network in face milling process[J]. Sensors (Basel, Switzerland), 19(18): 3817.

Xiang D H, Yang G B, Liang S. 2014. Study on milling force of high volume fraction SiC_p/Al composites with ultrasonic longitudinal and torsional vibration high speed milling[J]. Advanced Materials Research, 910: 114-117.

Xing H, Zhang G, Shang M. 2016. Deep learning[J]. International Journal of Semantic Computing, 10(3): 417-439.

Yang B, Shen X, Lei S. 2009. Distinct element modelling of the material removal process in conventional and laser assisted machining of silicon nitride ceramics[J]. International Journal of Manufacturing Research, 4(1): 74-94.

Yang B, Shen X, Lei S. 2009. Mechanisms of edge chipping in laser-assisted milling of silicon nitride ceramics[J]. International Journal of Machine Tools and Manufacture, 49(3-4): 344-350.

Zhang C, Ohmori H, Li W. 2000. Small-hole machining of ceramic material with electrolytic interval-dressing (ELID-II) grinding[J]. Journal of Materials Processing Technology, 105(3): 284-293.

Zhang G M, Anand D K, Ghosh S, et al. 1993. Study of the formation of macro- and micro-cracks during machining of ceramics[J]. NIST Special Publication, (847): 465-478.